U0051842

⇀ EMBROIDERY ACCESSORIES ↽

⇾ EMBROIDERY ACCESSORIES ⇽

小小一個就很亮眼！
迷人の珠繡飾品設計

INTRODUCTION

「彷彿在某個遙遠的大地上

　發現了異國情調的迷人飾品」

——這樣的世界觀就是我的創作原點。

兒時看過的繪本、小說裡的世界、

旅途中的情景、氣味……

藉由繡線與珠飾的結合，

最終交織變化成haitmonica式的作品。

或許因喜愛繪畫的興趣影響、

如今在刺繡時、

也總以繪圖般的感覺進行刺繡。

在交錯並排的繡線中

搭配出令人驚豔的色彩時的瞬間喜悅、

結合繡線＆珠子碰撞出獨特的風貌、

織入各種刺繡變化的圖騰花樣……

若能夠將這些刺繡時的手作魅力都透過本書傳達給你、

將令我欣喜萬分。

haitmonica

松本理沙

關於haitmonica的刺繡

haitmonica的飾品是以簡單的刺繡技法就能夠完成的設計。因為是以緞面繡為主要針法，無需學會多種刺繡技巧，初學者也能輕鬆製作正是它的魅力。特別是本書收錄了許多耳環作品，由於刺繡面積較小，因此可快速完成立即配戴。而在刺繡的基礎上加入珠飾＆古董配件，更是能作出獨一無二的原創品！繡線×珠飾的組合有無限種可能——熟練作法之後，請務必以自己喜歡的色彩盡情創作喔！

CONTENTS

haitmonica's

EMBROIDERY ACCESSORIES

B

C

D

E

1

CIRCUS
馬戲團

以巡遊歐洲的馬戲團為概念的鮮豔耳環。
簡單卻不失特色，
是haitmonica的代表系列。
請試著變化色彩組合，自由地製作吧！

作法：A・C・E_P.38 / B・D_P.49

2

PARADE

遊行

燦爛耀眼的遊行隊伍，
衣裝飄揚的跳舞少女……
從這樣的畫面感中汲取靈感，
製作出略帶刺激性的華麗耳環。
以在耳邊輕盈搖曳的螢光粉紅流蘇
留住深刻人心的第一印象吧！

作法：P.50

3
___

CHESS
西洋棋

繡上宛如西洋棋盤般的格紋，
並縫上散落的珠子作為點綴。
垂掛的大顆淚珠型古董裝飾，
為作品注入了更加沉穩典雅的質感。

___
作法：P.54

4

DEWDROP

朝露

以珍珠裝飾，宛若閃閃發光的朝露般，散發著清新氣息的耳環。
單色繡線搭配相同色系的珠子，完成了簡約又純粹的質感，
是百搭各類服飾的經典款設計。

作法：P.50

5
EUROPEAN
歐風

以東歐織物為主題，堆疊上了不同色調的刺繡。
製作重點在於先以深色進行刺繡，再層遞疊上淡色紋路。
請從中享受交織繡線，創造出線條花紋的樂趣吧！

作法：P.52

6

LADY DOLCE

淑女點心

將小巧可愛的甜點幻化成繽紛的耳環。加入以管珠填繡格紋的裝飾巧思，展現出別有趣味的質感。
觀之使人欣喜雀躍的可愛模樣，是不是也令你想立即抓起一個品嚐呢？

作法：P.56

7

FOUR SEASONS

四季

華麗的春天、爽朗的夏天、鬱鬱的秋天、冷冽的冬天……將流轉的四季重現於小小的作品之中。
在讓人聯想到歐洲玻璃窗花的幾何學圖案中，隱藏著季節的色彩。

作法：P.55

A /春

B /夏

C /秋

D /冬

8

SPECIMEN OF SPRING

春之標本

華麗繽紛的耳環，就像直接擷取了春天的神采。
將洋溢著植物＆花朵的季節感封存於扇形圖案中，以粉彩色調完成了不過分甜美的輕盈感。

作法：P.58

9

ASIAN NIGHT

以東南亞的街頭、霓虹燈、
人們身著的鮮豔服飾等異國情調為主題。
使用帶有光澤的亮片＆具有個性的色彩，
完成辛辣感的耳環單品。

作法：P.60

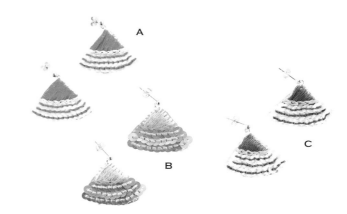

A

B

C

10

BEAUTIFUL CREATURES

美麗的生物們

自然界生物的色彩真美……
抱持著這樣崇敬＆讚頌的心情，
嘗試了以飾品重新詮釋。
此系列是能夠享受自然界神祕配色的設計。

作法：P.62

A / 鳳蝶
B / 日光燈魚
C / 小丑魚
D / 虎皮鸚鵡
E / 紅鶴

11

EMBLEM

徽章

如中古世紀徽章般帥氣的流蘇耳環。
是以「介於成人與孩子之間」為主題，帶有凜然氣勢的同時，在某處又保有些許可愛感的設計。

作法：P.64

12

GRACE

適合成熟女性，具有高雅沉著感的作品。
流蘇是以合成皮繩手工製作而成，
薄荷綠×鮭魚粉的配色則溫婉地帶出了女性的柔美感。

作法：P.61

13

MOSAIC

馬賽克

就如同東歐馬賽克嵌畫般，
將多種色彩一點一點填繡的橢圓形耳環，
並在上下側縫上小珍珠添加變化。
也很推薦左右耳配戴不同顏色喔！

—— 作法：P.66

A

B

C

D

E

F

G

H

I

23

14

LITTLE FLAG

在方正的格紋圖案之外，
加入了復古感流蘇增添玩心。
雖然小巧卻能以對比色彩呈現出刺激感，
似乎能恰到好處地為穿搭帶來點綴。

———
作法：P.65

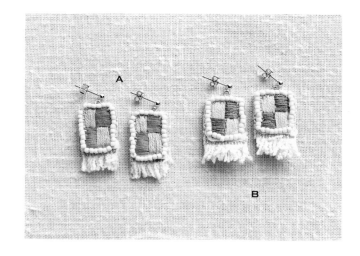

15

KILIM

繡織地毯

以中東遊牧民族編織的幾何學圖案地毯為主題，
完成了能夠充分表現存在感的大型耳環。
接縫上直條紋緞帶的設計，呈現了不過分強調民族風的適度協調。

作法：P.68

16

DANCING FLOWERS

花之舞

將亮片繞圓繡製而成的耳環。宛如花朵舞動般，於耳畔引人注目地一步一搖。
垂穗的流蘇也是亮點裝飾呢！

作法：P.70

A   B

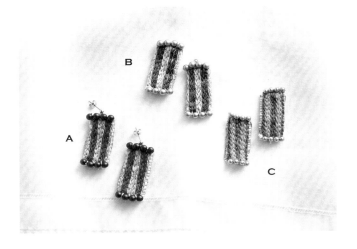

B

A

C

17

STRIPE

條紋圖案

直線條紋×長方形，俐落又搶眼！
是想搭配較帥氣的服飾，
以及簡單穿搭時配戴的推薦設計。
由於只須直線刺繡，簡單易作的優點也很令人開心。

 作法：P.71

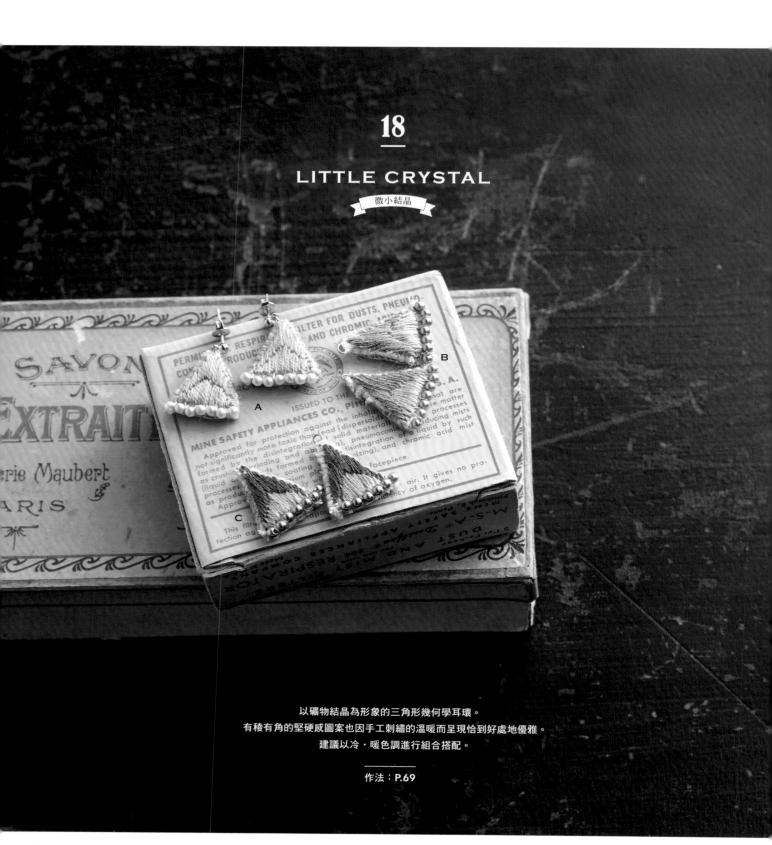

18

LITTLE CRYSTAL

微小結晶

以礦物結晶為形象的三角形幾何學耳環。
有稜有角的堅硬感圖案也因手工刺繡的溫暖而呈現恰到好處地優雅。
建議以冷・暖色調進行組合搭配。

作法：P.69

19

BIRD WHISPERER

鳥語呢喃

在基礎的菱形圖案上，試著以不同配置的刺繡作出變化，並以羽毛裝飾完成了吸睛的美麗耳環。
這是一款可以開心享受異素材搭配樂趣的飾品設計。

作法：P.72

20

ARABIAN NIGHTS

遠方沙漠物語

異國情調大放異彩的流蘇型耳環。
選擇對比的兩色繡線＆略微重疊刺繡，呈現色彩混合的效果是關鍵重點。

作法：**P.74**

21

MEMORY
&
STORY

回憶&故事

人與人之間口耳相傳的傳說或故事……
以此為主題，製作而成的大型髮夾。
乍看之下或許以為繡法相當精細複雜，
但多半僅使用簡單的刺繡針法，因此初學者也能夠輕鬆完成唷！

作法：P.76

22 / 23

MERMAID'S LOST
PROPERTY

人魚遺落之物

以人魚鱗片等海洋中的幻想物為主題創作的兩款胸針。
是除了洋裝衣領之外，別在背包上也相當可愛的設計。
請一定要多作幾款不同顏色的組合喔！

作法：22_P.77 / 23_P.78

22
—

23
—

材料

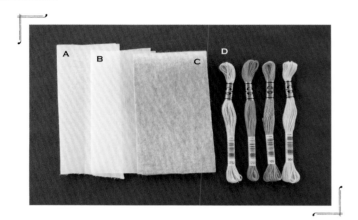

A 平織布（sheeting）
粗目編織的平織布料，容易穿針且質感柔軟。本書使用原色＆彩色平織布。

B 接著襯
附膠的不織布型薄襯。以熨斗熨燙於平織布背面，可使布料增加挺度。

C 不織布
羊毛混紡，厚度約1mm。使用淺灰色。

D DMC25號繡線
由6股細線捻成的木棉線，紙帶上印有繡線色號。

E 9針
前端呈圓形的細針，用於串接耳針＆耳夾五金。

F T針
前端呈T字形的細針，用於串接珠子。

G 髮夾
髮飾用五金。

H 胸針五金
本書使用寬3.5cm的別針。

I 耳針五金
本書使用半球耳針＆魚耳勾兩種類型，請搭配設計挑選喜好的款式。

J 耳夾五金
本書使用螺旋夾的款式。

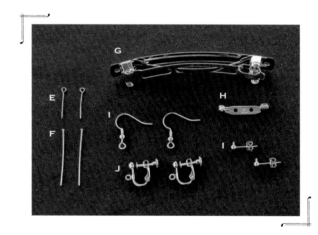

K 玻璃珠
外徑約2mm的珠子，色彩樣式豐富。

L 古董珠（Delica Beads）
外徑1.6mm的珠子。大孔洞，形狀平均。

M 亮片
本書使用平面圓形＆龜殼型＆花形，直徑4mm・5mm・6mm的款式。

N 管珠
管狀珠，本書使用約3mm長的一分竹款式。

O 造型珠
各種顏色、尺寸、形狀的珠子。

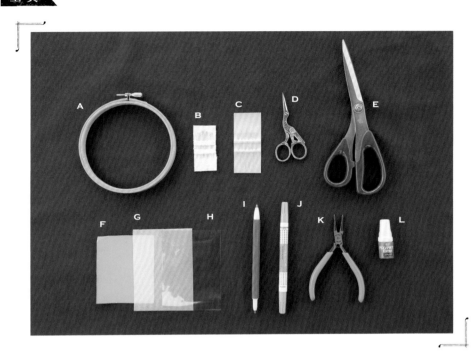

A　刺繡框
固定&繃緊布料，使刺繡容易進行的工具。
本書使用尺寸12cm的款式。

B　法國刺繡針
刺繡專用針。針孔大，容易穿線。
主要使用5、6號針。

C　串珠刺繡針
接縫珠子時使用的細針。

D　線剪
用於剪斷繡線。

E　布剪
用於裁剪平織布&不織布。

F　布用複寫紙
用於將圖案轉寫至布上。

G　描圖紙
用於描畫圖案紙的可透光薄紙。

H　玻璃紙
在布上轉寫圖案時，將玻璃紙重疊於圖案紙上，
可更加順利地完成描圖。

I　鐵筆
用於描繪圖案。以無法書寫的原子筆替代也OK。

J　消失筆
圖案描得太淡時，可補足線條。

K　圓嘴鉗
用於將9針‧T針末端凹摺成圓圈狀。

L　瞬間膠
用於接合9針‧T針。本書用於較細微處的黏合，
建議挑選出膠口細長的款式較方便使用。

繡線的
取線方法

1　一手固定繡線的紙帶，一手
拉線頭，避免纏繞地筆直抽
出。

抽出。

2　剪下約50cm長。由於繡線是
以6股為一束，使用時請一
股一股地分開抽出。

3　取需要的股數穿入繡針。

基本作法　**a**　【以珠繡鑲邊的作品】　以下將示範於周圍繡上一圈珠子的作品作法。

P.6·P.7 1［A・C・E］

材料

A
—
DMC25號繡線…966（淺黃綠）・3340（橘色）
平織布…15cm×15cm
接著襯（不織布型・薄）…15cm×15cm
不織布（厚度1mm）…6cm×3cm
玻璃珠（白色）…30至34個
　　　（淡綠色）…30至34個
造型珠（直徑10mm・白色）…2個
亮片　龜殼型（直徑5mm・白色）…2片
9針（長15mm）…2根
T針（長30mm）…2根
耳針五金…1組

E
—
DMC25號繡線…415（淺灰色）・956（粉紅色）
平織布…15cm×15cm
接著襯（不織布型・薄）…15cm×15cm
不織布（厚度1mm）…6cm×3cm
玻璃珠（白色）…30至34個
　　　（水藍色）…30至34個
造型珠（直徑10mm・白色）…2個
亮片　龜殼型（直徑5mm・白色）…2片
9針（長15mm）…2根
T針（長30mm）…2根
耳針五金…1組

C
—
DMC25號繡線…3822（銘黃色）・169（灰色）
平織布…15cm×15cm
接著襯（不織布型・薄）…15cm×15cm
不織布（厚度1mm）…6cm×3cm
玻璃珠（白色）…30至34個
　　　（金色）…30至34個
造型珠（直徑10mm・白色）…2個
亮片　龜殼型（直徑5mm・白色）…2片
9針（長15mm）…2根
T針（長30mm）…2根
耳針五金…1組

※本書皆有標示使用的繡線色號，以供選線時參考。

原寸圖案

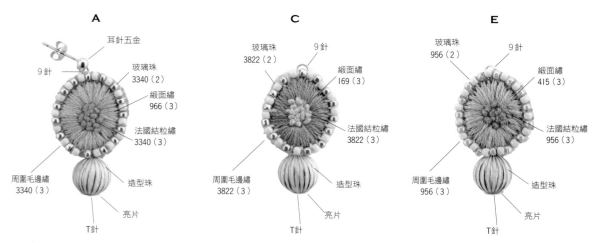

A
耳針五金
9針
玻璃珠 3340（2）
緞面繡 966（3）
法國結粒繡 3340（3）
周圍毛邊繡 3340（3）
造型珠
亮片
T針

C
玻璃珠 3822（2）
9針
緞面繡 169（3）
法國結粒繡 3822（3）
周圍毛邊繡 3822（3）
造型珠
亮片
T針

E
玻璃珠 956（2）
9針
緞面繡 415（3）
法國結粒繡 956（3）
周圍毛邊繡 956（3）
造型珠
亮片
T針

※單支耳環以繡上30至34個玻璃珠為基準。　※數字為DMC25號繡線的色號。　※（　）中的數字意指繡線的股數。

作品 1 [E] 示範教作

1 描圖

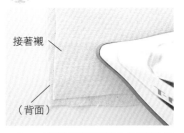

接著襯

（背面）

1 平織布背面對合接著襯的膠面，以熨斗（中溫）燙貼。為了確保完全貼合，在熱度冷卻之前，請保持靜置避免移動。

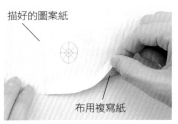

描好的圖案紙

布用複寫紙

2 在平織布正面的中央放上描好的圖案紙，並在兩者之間夾入布用複寫紙。

玻璃紙

3 在描圖紙上重疊玻璃紙，以鐵筆描圖。

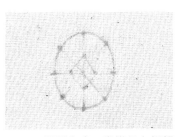

4 描圖完成。當描得太輕顏色過淡時，以消失筆補好線條。
　※若想製作多個，可參見P.3在布面上並排描圖。

2 刺繡

1 以繡框夾入描好圖案的平織布，繃緊布料，並使圖案置於中央。

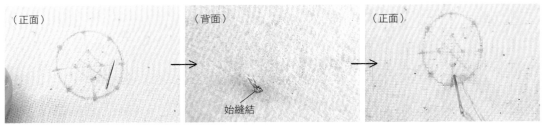

（正面）　　　（背面）　　　（正面）

始縫結

2 取3股繡線（415）穿入繡針並打始縫結（繡線換色的作法參見P.47）。在圖案中想要開始刺繡處的附近，從背面出針，避免線頭脫落地縫1針。

3 開始進行圖案刺繡。沿外側線條出針。

4 往中心菱形線上入針。

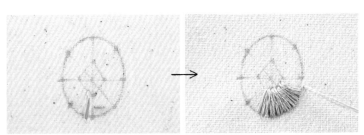

5 由外往內，放射狀地進行緞面繡（參見P.79）。

6 完成緞面繡。

（背面） （背面） （背面）

7 進行收線。將布料翻至背面，針穿縫繡線之間數次後，剪去多餘的線段。

（正面）

8 取3股繡線（956）穿入繡針並打始縫結，從背面出針。

9 線繞繡針3圈。

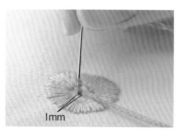

1mm

10 在間隔1mm處入針。拉線使繡線結成球狀，並將針直接穿出背面。

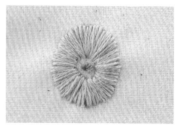

11 法國結粒繡完成（參見P.79）。

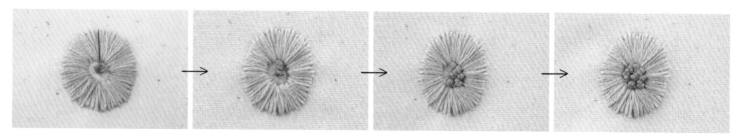

12 繼續於旁邊出針，圍繞著**11**的周邊，以法國結粒繡填滿中心。繡好後，以緞面繡收尾的相同作法，在背面穿縫數針後剪斷繡線。

3 以珠繡鑲邊

1 取2股繡線（956）穿過串珠刺繡針並打始縫結。沿完成的緞面繡外圍出針。

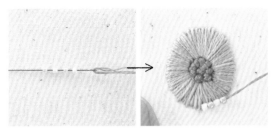

2 在串珠刺繡針上交互串入兩種顏色的玻璃珠，共串入4個。

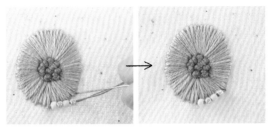

3 沿著完成的緞面繡外圍入針。

4 退回2個玻璃珠的位置出針。

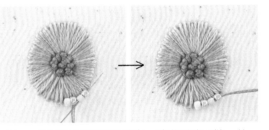

5 將針穿入2個玻璃珠中，稍微鬆弛回縫一針。（因為最後還會在珠子之間以毛邊繡收尾固定，此時先繡得略鬆一點，才能完成漂亮的成品。）

珠子的繡法

玻璃珠

布料

2 股繡線

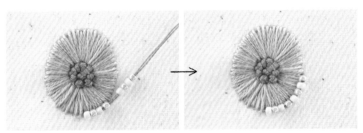

6 以**2**·**3**相同作法，將兩色玻璃珠交互穿入4個，鑲邊固定。

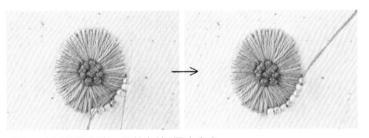

7 以**4**相同作法，回針穿縫2個玻璃珠。

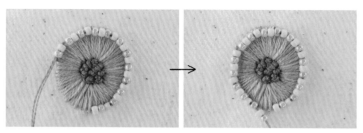
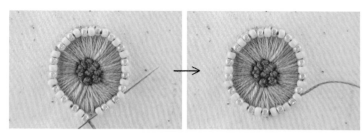

8 重複**6**・**7**作法，以玻璃珠完成鑲邊一圈。因實際使用的珠子大小差異，以標示珠數無法完全對合起繡點＆止繡點時，可自行增減珠數。

9 鑲邊一圈後，將針穿過起繡的4至5個玻璃珠。

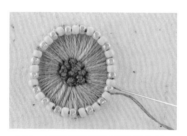
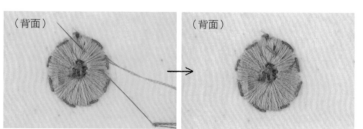
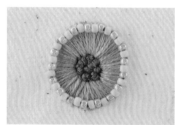

10 再往前1個玻璃珠旁入針，往背面穿出。

11 將針穿入緞面繡的繡線之間，剪去多餘的線段。

12 鑲邊珠繡完成。

4 製作珠飾

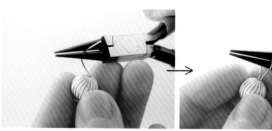

造型珠

亮片　　　T針

1 T針穿入亮片＆造型珠。

2 順著造型珠的位置壓摺T針。

3 以圓嘴鉗夾住壓摺的T針中央，彎向身體側，作出環狀。

5 彎摺9針前端

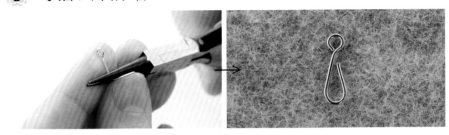

4 珠飾完成。	**1** 以圓嘴鉗夾住9針中心，摺成V字形，再作成環狀。

6 疊上不織布

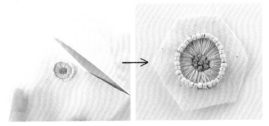

1 將繡好的布料拆除繡框，周圍留布粗裁一圈。

2 準備尺寸差不多的不織布。

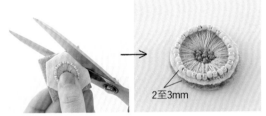

3 兩片重疊，留邊約2至3mm剪齊。

2至3mm

4 在繡片背面疊放上9針＆珠飾，確認位置。

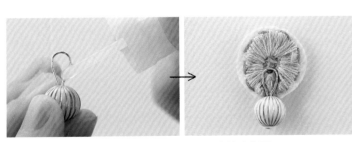

5 將珠飾的環狀處塗上瞬間膠，黏貼於繡片背面。

6 9針也以相同方式，於環狀處塗上瞬間膠黏貼固定。

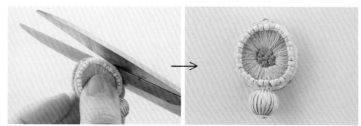

7 再次將兩個環狀處塗上瞬間膠。

8 與不織布重疊，用力壓緊使其黏合。

9 沿玻璃珠邊緣剪齊，但注意不要剪到珠子的穿縫線。

🌸 **7** 沿邊刺繡固定

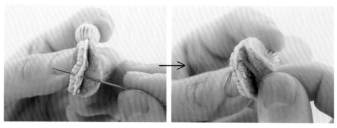

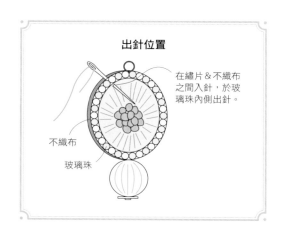

出針位置

在繡片＆不織布之間入針，於玻璃珠內側出針。

不織布

玻璃珠

1 取3股繡線（956）穿入繡針中並打始縫結。在繡片＆不織布之間入針，於正面玻璃珠的內側出針，使線結藏入裡側。

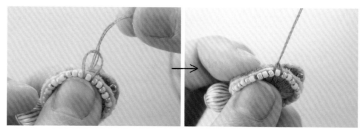

2 跨越I個玻璃珠入針。

3 於針上掛線。

4 拉繡線，保持夾入I個玻璃珠的方式掛線，完成I針毛邊繡（參見P.79）。

5 以相同方式，在隔壁玻璃珠之間入針掛線。

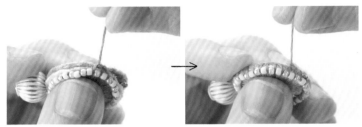

6 拉繡線。以相同作法繡一圈毛邊繡。

7 於始繡處的毛邊繡間穿針，拉繡線。

8 在止繡處附近入針，穿入不織布之中，拉繡線。

9 於邊緣處剪斷繡線，完成了！另一個也以相同方式製作，並以9針接上喜好款式的耳針五金。

完成

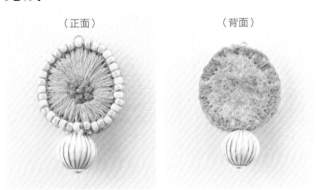

（正面）　　　　（背面）

基本作法　b 【 無珠繡鑲邊的作品 】

無珠繡鑲邊的作品須將繡片布邊內摺。
以下將以P.17的作品進行示範教作。材料參見P.60。

作品 9［B］示範教作

1　刺繡

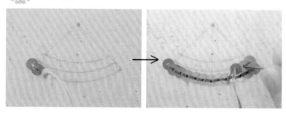

1　取3股繡線穿針，保持重疊一半亮片的間距進行刺繡（參見P.60）。

POINT

亮片逆向
翻轉時……

以圓嘴鉗夾住亮片改正方向，進行調整。

2　取3股繡線穿針，進行緞面繡（參見P.79）。

2　裁剪布料

3　取3股繡線穿針，在交界處進行鎖鏈繡（參見P.79）。

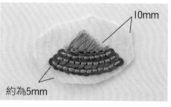

10mm

約為5mm

1　拆下繡框，直線邊留約10mm，亮片邊留約5mm，粗裁布料。

2　頂點處剪一道靠近刺繡邊緣的牙口。

（背面）

3　將直線邊的餘布摺往背面，避免於正面露出地稍微止縫固定。

3　疊上不織布

修剪。

1　準備略大一圈的不織布，與繡片重疊＆沿邊剪齊。直線邊請特別小心不要剪到布料的摺邊。

2　參見P.43・P.44，黏上9針。取3股繡線穿針並打結，從布料山摺線出針，以毛邊繡一邊避開亮片一邊縫繡一圈，完成！

POINT 【 繡線的收尾 】 請在此掌握刺繡作品必學的繡線收尾技巧吧！

✿ 始縫結

1 將繡線一端放在食指上，以拇指壓住，線繞食指1圈。

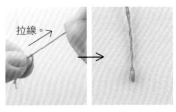

拉線。

2 一邊以拇指捻轉繡線，另一手往外拉線，始縫結完成！

✿ 止縫結

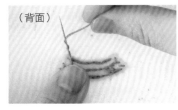

（背面）

1 將針置於止繡處，線繞針2至3圈。

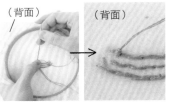

（背面）　（背面）

2 以手指壓住繞線處避免移動，同時拔起繡針，止縫結完成！留下0.5cm線頭，剪去多餘的線段。

✿ 始繡

～填面刺繡時～

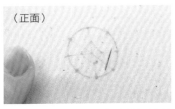

（正面）

1 將繡線穿入繡針並打始縫結，從背面出針。

2 縫1針固定。

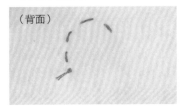

3 於圖案線上出針，接續正式刺繡。

～線條刺繡時～

（背面）

將繡線穿入繡針並打始縫結，於圖案線出針進行刺繡。

✿ 止繡

～填面刺繡時～

（背面）

1 刺繡完成後，將針穿入刺繡線段之間。

（背面）

2 於邊緣剪斷繡線。

～線條刺繡時～

（背面）

刺繡完成後，打止縫結，將線剪斷。

（背面）

若止繡處有緞面繡等整面刺繡的部分時，亦可將針穿入繡線之間，再剪斷繡線。

47

RECOMMENDATION

推薦的珠飾店

Haitmonica的系列飾品，絕對少不了古董風的造型珠。
以下與你分享一些可供參考的珠飾材料店吧！

時髦的店面位於京都三条，大正時代建造的懷舊洋房內，販售各種從世界各地蒐集而來的珠飾和鈕釦。復古珠飾的品項也相當豐富。

idola
京都市中京區三条通富小路角sakura大樓3F
⬇ 網路商店
https://idola-kyoto.shop

除了淺草橋本店之外，東京、神奈川、大阪也有分店的飾品配件專賣店。是公認為高品質且樣式豐富的店家。本書作品使用的德國製壓克力珠，是值得推薦的選物喔！

貴和製作所　淺草橋本店
東京都台東區淺草橋2-1-10貴和製作所本店大樓 1F-4F
⬇ 網路商店
http://www.kiwaseisakujo.jp/shop

進口珠飾與配件的專賣店。以「介紹讓人雀躍不已的飾品材料」為宗旨，販售自歐洲、美國和日本各地蒐集的講究材料。

Coeur de bijoux
東京都台東區柳橋1-1-15淺草橋產業會館2F
⬇ 網路商店
https://www.rakuten.ne.jp/gold/coeur-r/

於全國各地開設連鎖店的Parts Club旗艦店。2樓羅列了約5萬件的配件，每週從自家工廠進貨的獨家新商品也相當吸引人。

Parts Club淺草橋站前店
東京都台東區淺草橋1-9-12
⬇ 網路商店
http://www.partsclub.jp

由工廠直營，以原創的稀有色彩＆豐富造型為特點的珠飾專賣店。haitmonica經常使用的「哈密瓜珠（メロン玉）」（具有直條紋的圓珠）等材料的種類也相當齊全。

Beads Shop「j4」東京本店
東京都台東區淺草橋1-26-5 Arden淺草橋
⬇ 網路商店
https://store.shopping.yahoo.co.jp/beadsshopj4

以自家公司商品MIYUKI珠飾為主，販售廣泛飾品配件的專賣店。此外也有來自歐洲各地，獨具風格的進口珠子。大阪、廣島也有開設店面。

Beads Factory東京店
東京都台東區淺草橋4丁目10-8
⬇ 網路商店
http://www.beadsfactory.co.jp

還有這個也很推薦！

Beads Art Show

於橫濱、神戶等地，一年舉辦數次，日本規模最大的珠飾饗宴。由於也會有眾多販售配件的攤位參展，可入手古董或罕見的配件。有機會不妨參加一次喔！

http://www.bead-art-show.com

材料

B

DMC25號繡線···964（淺綠松色）
　　　　　　　606（橘紅色）・3340（橘色）

平織布···15cm×15cm

接著襯（不織布型・薄）···15cm×15cm

不織布（厚度1mm）···6cm×3cm

玻璃珠（白色）···30至34個
　　　　（金色）···30至34個

古董珠（紅色）···32個

造型珠（直徑10mm・橘色）···2個

珍珠（直徑4mm・金色）···2個

9針（長15mm）···2根

T針（長30mm）···2根

耳針五金···1組

D

DMC25號繡線···956（粉紅色）・761（淺桃粉色）
　　　　　　　3752（淡藍灰色）

平織布···15cm×15cm

接著襯（不織布型・薄）···15cm×15cm

不織布（厚度1mm）···6cm×3cm

玻璃珠（白色）···30至34個
　　　　（粉紅色）···30至34個

古董珠（粉紅色）···32個

造型珠（直徑10mm・粉紅色）···2個

珍珠（直徑4mm・白色）···2個

9針（長15mm）···2根

T針（長30mm）···2根

耳針五金···1組

作法（參見P.38）

1. 平織布燙貼接著襯，描上圖案。

2. 進行緞面繡，並於中央縫上古董珠。

3. 沿外圍繡上兩色玻璃珠鑲邊。（單支耳環以繡上30至34個玻璃珠為基準。）

4. 在繡好的圖案外圍預留一圈白布，粗裁剪下。接著疊上不織布，將四周修剪整齊。

5. 珍珠＆造型珠穿入T針，將前端彎摺成圈。接連耳針五金的9針前端也彎摺成圈備用。

6. 9針・T針塗上瞬間膠，黏貼於繡片背面，再重疊黏貼上不織布。

7. 沿外圍進行一圈毛邊繡。

8. 將耳針五金與9針接連在一起。

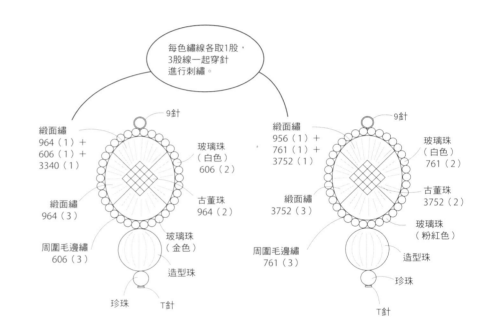

古董珠的繡法

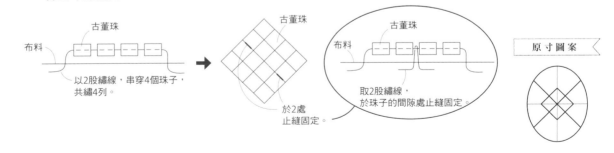

※數字為DMC25號繡線的色號。
※（　）中的數字意指繡線的股數。

P.8 2

材 料

DMC25號繡線…3609（蘭粉色）
　　　　　　　3743（紫丁香灰）
　　　　　　　964（淺綠松色）
平織布…15cm×15cm
接著襯（不織布型‧薄）…15cm×15cm
不織布（厚度1mm）…6cm×3cm
玻璃珠（白色）…60至68個
古董珠（粉紅色）…32個
流蘇（附C圈‧長20mm）…2個
9針（長15mm）…4根
耳針五金…1組

🏵 作法（參見P.38）

1. 平織布燙貼接著襯，描上圖案。
2. 進行緞面繡，並於中央縫上古董珠（參見P.49）。
3. 沿外圍繡一圈玻璃珠鑲邊。
　（單支耳環以繡上30至34個玻璃珠為基準。）
4. 在繡好的圖案外圍預留一圈白布，粗裁剪下。
　接著疊上不織布，將四周修剪整齊。
5. 以9針的圓環接連流蘇，並將前端彎摺成圈。
　另一個接連耳針五金的9針前端也彎摺成圈備用。
6. 9針塗上瞬間膠，黏貼於繡片背面，再重疊黏上不織布。
　流蘇掛件請以隱藏C圈的方式黏貼。
7. 沿外圍進行一圈毛邊繡。
8. 將耳針五金與9針接連在一起。

原寸圖案

緞面繡 3743（3）　耳針五金　9針
緞面繡 3609（3）
玻璃珠 964（2）
古董珠 3743（2）
周圍毛邊繡 964（3）　流蘇

①穿過9針　②前端彎摺成圈。　C圈　流蘇

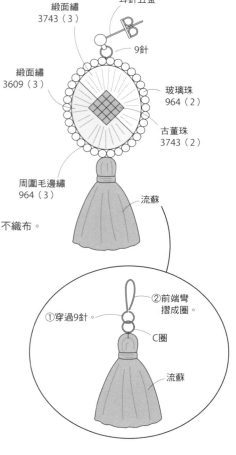

※數字為DMC25號繡線的色號。
※（ ）中的數字意指繡線的股數。

50

P.12 4 [A‧B‧C‧D]

材 料

A

DMC25號繡線…522（淺苔綠）
平織布…15cm×15cm
接著襯（不織布型‧薄）…15cm×15cm
不織布（厚度1mm）…6cm×3cm
玻璃珠（淺綠色）…60至68個
珍珠（直徑4mm‧淺綠色）…6個
棉珍珠（直徑8mm‧灰色）…2個
9針（長15mm）…2根
T針（長30mm）…2根
耳針五金…1組

B

DMC25號繡線…415（淺灰色）
平織布…15cm×15cm
接著襯（不織布型‧薄）…15cm×15cm
不織布（厚度1mm）…6cm×3cm
玻璃珠（水藍色）…60至68個
珍珠（直徑4mm‧灰色）…6個
棉珍珠（直徑8mm‧灰色）…2個
9針（長15mm）…2根
T針（長30mm）…2根
耳針五金…1組

C

DMC25號繡線…729（黃土色）
平織布…15cm×15cm
接著襯（不織布型‧薄）…15cm×15cm
不織布（厚度1mm）…6cm×3cm
玻璃珠（金色）…60至68個
珍珠（直徑4mm‧象牙白）…6個
棉珍珠（直徑8mm‧金色）…2個
9針（長15mm）…2根
T針（長30mm）…2根
耳針五金…1組

❖ 材料

D

DMC25號繡線…347（紅色）
平織布…15cm×15cm
接著襯（不織布型・薄）…15cm×15cm
不織布（厚度1mm）…6cm×3cm
玻璃珠（紅色）…60至68個
珍珠（直徑4mm・紅色）…6個
棉珍珠（直徑8mm・紅色）…2個
9針（長15mm）…2根
T針（長30mm）…2根
耳針五金…1組

❀ 作法（參見P.38）

1. 平織布燙貼接著襯，描上圖案。

2. 進行緞面繡，並於中央繡上珍珠。

3. 沿外圍繡一圈玻璃珠鑲邊。（單支耳環以繡上30至34個玻璃珠為基準。）

4. 在繡好的圖案外圍預留一圈白布，粗裁剪下。
   接著疊上不織布，將四周修剪整齊。

5. T針穿過棉珍珠，前端彎摺成圈。接連耳針五金的9針前端也彎摺成圈備用。

6. 9針・T針塗上瞬間膠，黏貼於繡片背面，再重疊黏貼上不織布。

7. 沿外圍進行一圈毛邊繡。

8. 將耳針五金與9針接連在一起。

※箭頭為
線條方向。

A・C・D
珍珠的繡法

珍珠
布料
①穿縫3個。
2股繡線
②將珠子之間的線止縫固定。

B
珍珠的繡法

珍珠
布料
取2股繡線一個一個地繡上。

A

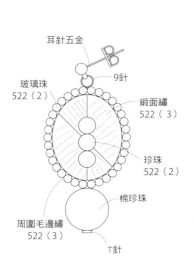

耳針五金
9針
玻璃珠
522（2）
緞面繡
522（3）
珍珠
522（2）
棉珍珠
周圍毛邊繡
522（3）
T針

B

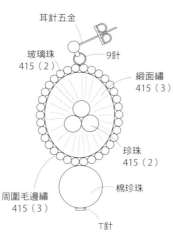

耳針五金
玻璃珠
415（2）
9針
緞面繡
415（3）
珍珠
415（2）
棉珍珠
周圍毛邊繡
415（3）
T針

C

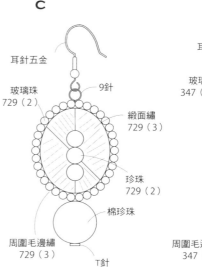

耳針五金
玻璃珠
729（2）
9針
緞面繡
729（3）
珍珠
729（2）
棉珍珠
周圍毛邊繡
729（3）
T針

D

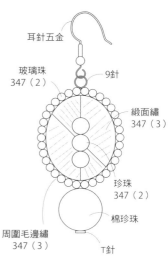

耳針五金
玻璃珠
347（2）
9針
緞面繡
347（3）
珍珠
347（2）
棉珍珠
周圍毛邊繡
347（3）
T針

※數字為DMC25號繡線的色號。　　※（ ）中的數字意指繡線的股數。

P.I3 5 [A·B·C·D·E·F]

材 料

A

DMC25號繡線…3849（青磁色）‧677（淺銘黃色）
平織布…15cm×15cm
接著襯（不織布型‧薄）…15cm×15cm
不織布（厚度Imm）…6cm×3cm
玻璃珠（白色）…60至68個
古董珠（橘色）…32個
造型珠（直徑7mm‧橘×灰雙色）…2個
9針（長15mm）…2根
T針（長30mm）…2根
耳針五金…I組

C

DMC25號繡線…606（橘紅色）‧758（粉米色）
平織布…15cm×15cm
接著襯（不織布型‧薄）…15cm×15cm
不織布（厚度Imm）…6cm×3cm
玻璃珠（白色）…60至68個
古董珠（淺黃綠色）…32個
造型珠（直徑8mm‧橘色＆米白色）…各I個
9針（長15mm）…2根
T針（長30mm）…2根
耳針五金…I組

E

DMC25號繡線…350（紅色）‧964（淺綠松色）
平織布…15cm×15cm
接著襯（不織布型‧薄）…15cm×15cm
不織布（厚度Imm）…6cm×3cm
玻璃珠（白色）…60至68個
古董珠（淺金色）…32個
造型珠（直徑7mm‧橘色＆水藍色）…各I個
9針（長15mm）…2根
T針（長30mm）…2根
耳針五金…I組

B

DMC25號繡線…3024（淺灰色）‧956（粉紅色）
平織布（苔綠色）…15cm×15cm
接著襯（不織布型‧薄）…15cm×15cm
不織布（厚度Imm）…6cm×3cm
玻璃珠（粉紅色）…60至68個
古董珠（淺金色）…32個
造型珠（直徑9mm‧象牙白×淺黃綠雙色）…2個
9針（長15mm）…2根
T針（長30mm）…2根
耳針五金…I組

D

DMC25號繡線…3820（芥黃色）‧3842（青色）
平織布…15cm×15cm
接著襯（不織布型‧薄）…15cm×15cm
不織布（厚度Imm）…6cm×3cm
玻璃珠（白色）…60至68個
古董珠（淺金色）…32個
造型珠（直徑8mm‧米白色）…2個
9針（長15mm）…2根
T針（長30mm）…2根
耳針五金…I組

F

DMC25號繡線…597（淺青綠）‧648（銀色）
平織布…15cm×15cm
接著襯（不織布型‧薄）…15cm×15cm
不織布（厚度Imm）…6cm×3cm
玻璃珠（金色）…60至68個
古董珠（白色）…32個
造型珠（高7mm‧淺金色）…2個
9針（長15mm）…2根
T針（長30mm）…2根
耳針五金…I組

原寸圖案

※●為古董珠的縫繡位置。

作法（參見P.38）

1. 平織布燙貼接著襯，描上圖案。
2. 以直針繡繡出格紋，再在格紋上繡十字繡。
3. 於格紋間繡上古董珠。
4. 沿外圍繡一圈玻璃珠鑲邊。（單支耳環以繡上30至34個玻璃珠為基準。）
5. 在繡好的圖案外圍預留一圈白布，粗裁剪下。接著疊上不織布，將四周修剪整齊。
6. T針穿過造型珠，前端彎摺成圈。接連耳針五金的9針前端也彎摺成圈備用。
7. 9針‧T針塗上瞬間膠，黏貼於繡片背面，再重疊黏上不織布。
8. 沿外圍進行一圈毛邊繡。
9. 將耳針五金與9針接連在一起。

刺繡方式

1. 進行直針繡

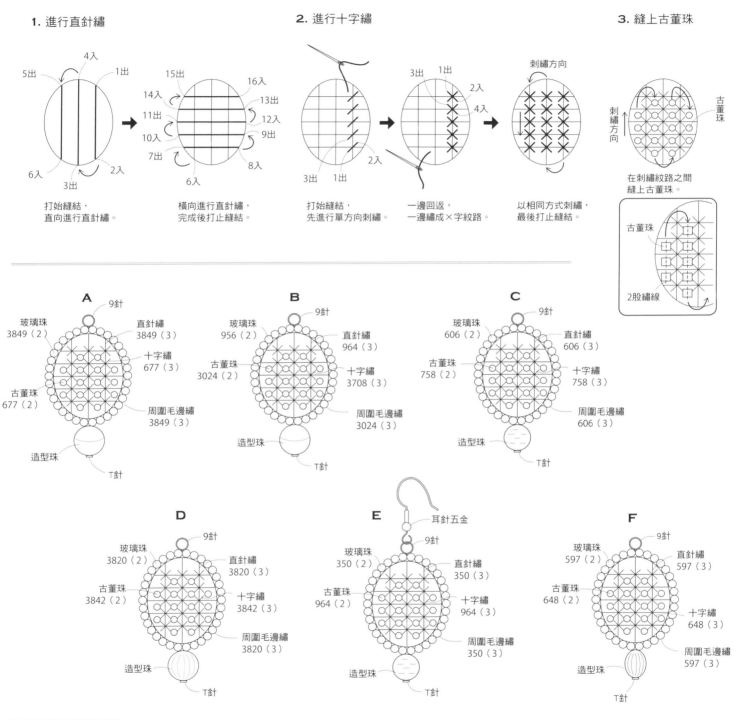

打始縫結，
直向進行直針繡。

橫向進行直針繡，
完成後打止縫結。

2. 進行十字繡

打始縫結，
先進行單方向刺繡。

一邊回返，
一邊繡成×字紋路。

以相同方式刺繡，
最後打止縫結。

3. 縫上古董珠

在刺繡紋路之間
縫上古董珠。

A
9針
玻璃珠
3849（2）
直針繡
3849（3）
古董珠
677（2）
十字繡
677（3）
古董珠
677（2）
周圍毛邊繡
3849（3）
造型珠
T針

B
9針
玻璃珠
956（2）
直針繡
964（3）
古董珠
3024（2）
十字繡
3708（3）
周圍毛邊繡
3024（3）
造型珠
T針

C
9針
玻璃珠
606（2）
直針繡
606（3）
古董珠
758（2）
十字繡
758（3）
周圍毛邊繡
606（3）
造型珠
T針

D
9針
玻璃珠
3820（2）
直針繡
3820（3）
古董珠
3842（2）
十字繡
3842（3）
周圍毛邊繡
3820（3）
造型珠
T針

E
耳針五金
9針
玻璃珠
350（2）
直針繡
350（3）
古董珠
964（2）
十字繡
964（3）
周圍毛邊繡
350（3）
造型珠
T針

F
9針
玻璃珠
597（2）
直針繡
597（3）
古董珠
648（2）
十字繡
648（3）
周圍毛邊繡
597（3）
造型珠
T針

※數字為DMC25號繡線的色號。
※（　）中的數字意指繡線的股數。

P.10

材料

A

DMC25號繡線…350（紅色）
　　　　　　　3743（紫丁香灰）
平織布…15cm×15cm
接著襯（不織布型・薄）…15cm×15cm
不織布（厚度1mm）…6cm×3cm
玻璃珠（米白色）…60至68個
古董珠（淺金色）…18個
造型珠　水滴型（高15mm・橘紅色）…2個
9針（長15mm）…2根
T針（長30mm）…2根
耳針五金…1組

B

DMC25號繡線…522（淺苔綠）
　　　　　　　729（黃土色）
平織布…15cm×15cm
接著襯（不織布型・薄）…15cm×15cm
不織布（厚度1mm）…6cm×3cm
玻璃珠（黃土色）…60至68個
古董珠（銀色）…18個
造型珠　水滴型（高15mm・灰色）…2個
9針（長15mm）…2根
T針（長30mm）…2根
耳針五金…1組

C

DMC25號繡線…317（灰色）
　　　　　　　3752（淺藍灰色）
平織布…15cm×15cm
接著襯（不織布型・薄）…15cm×15cm
不織布（厚度1mm）…6cm×3cm
玻璃珠（水藍色）…60至68個
古董珠（消光銀）…18個
造型珠　水滴型（高15mm・水藍色）…2個
9針（長15mm）…2根
T針（長30mm）…2根
耳針五金…1組

作法（參見P.38）

1. 平織布燙貼接著襯，描上圖案。
2. 進行緞面繡，並於上方繡上古董珠。
3. 沿外圍繡一圈玻璃珠鑲邊。（單支耳環以繡上30至34個玻璃珠為基準。）
4. 在繡好的圖案外圍預留一圈白布，粗裁剪下。接著疊上不織布，將四周修剪整齊。
5. T針穿過造型珠，前端彎摺成圈。接連耳針五金的9針前端也彎摺成圈備用。
6. 9針・T針塗上瞬間膠，黏貼於繡片背面，再重疊黏貼上不織布。
7. 沿外圍進行一圈毛邊繡。
8. 將耳針五金與9針接連在一起。

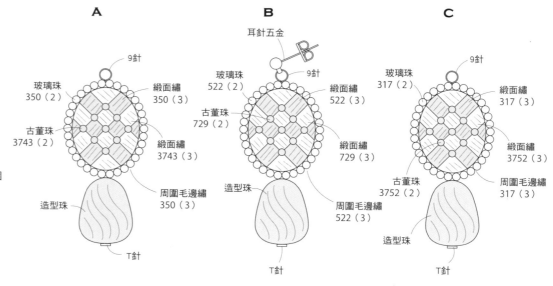

※數字為DMC25號繡線的色號。
※（　　）中的數字意指繡線的股數。

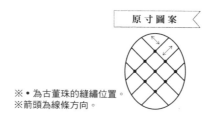

原寸圖案

※●為古董珠的縫繡位置。
※箭頭為線條方向。

古董珠的繡法

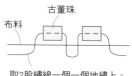

取2股繡線一個一個地繡上。

54

▌材 料▐

A

DMC25號繡線…956（粉紅色）‧564（淺黃綠色）
　　　　　　3024（淺灰色）‧677（淺銘黃色）

平織布…15cm×15cm

接著襯（不織布型‧薄）…15cm×15cm

不織布（厚度1mm）…6cm×3cm

玻璃珠（白色）…60至68個

造型珠（直徑10mm‧馬賽克）…2個

亮片　平面圓形（直徑4mm‧金色）…2個

9針（長15mm）…2根

T針（長30mm）…2根

耳針五金…1組

B

DMC25號繡線…3819（淺萊姆色）‧415（淺灰色）
　　　　　　964（淺綠松色）‧930（群青色）

平織布…15cm×15cm

接著襯（不織布型‧薄）…15cm×15cm

不織布（厚度1mm）…6cm×3cm

玻璃珠（土耳其藍）…60至68個

造型珠（直徑10mm‧馬賽克）…2個

亮片　平面圓形（直徑4mm‧白色）…2個

9針（長15mm）…2根

T針（長30mm）…2根

耳針五金…1組

C

DMC25號繡線…3024（淺灰色）‧3046（淺芥黃色）
　　　　　　522（淺苔綠）‧3340（橘色）

平織布…15cm×15cm

接著襯（不織布型‧薄）…15cm×15cm

不織布（厚度1mm）…6cm×3cm

玻璃珠（金色）…60至68個

造型珠（直徑11mm‧桃粉色）…2個

9針（長15mm）…2根

T針（長30mm）…2根

耳針五金…1組

D

DMC25號繡線…445（淺黃色）‧310（黑色）
　　　　　　311（深藍色）‧169（灰色）

平織布…15cm×15cm

接著襯（不織布型‧薄）…15cm×15cm

不織布（厚度1mm）…6cm×3cm

玻璃珠（淺灰色）…60至68個

造型珠（直徑11mm‧黑色）…2個

9針（長15mm）…2根

T針（長30mm）…2根

耳針五金…1組

✿ 作法（參見P.38）

1. 平織布燙貼接著襯，描上圖案。

2. 隨機繡上四色繡線。

3. 沿外圍繡一圈玻璃珠鑲邊。
　　（單支耳環以繡上30至34個玻璃珠為基準。）

4. 在繡好的圖案外圍預留一圈白布，粗裁剪下。
　　接著疊上不織布，並把四周修剪整齊。

5. A‧B以T針穿過亮片＆造型珠，C‧D以T針穿過造型珠，
　　並將前端彎摺成圈。接連耳針五金的9針前端也彎摺成圈備用。

6. 9針‧T針塗上瞬間膠，黏貼於繡片背面，再重疊黏貼上不織布。

7. 沿外圍進行一圈毛邊繡。

8. 將耳針五金與9針接連在一起。

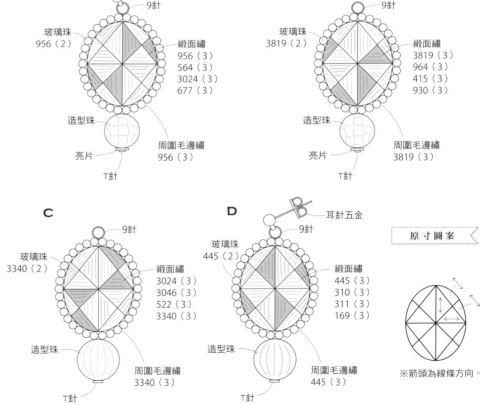

A

耳針五金
9針
玻璃珠 956（2）
緞面繡
956（3）
564（3）
3024（3）
677（3）
造型珠
亮片
周圍毛邊繡 956（3）
T針

B

9針
玻璃珠 3819（2）
緞面繡
3819（3）
964（3）
415（3）
930（3）
造型珠
亮片
周圍毛邊繡 3819（3）
T針

C

9針
玻璃珠 3340（2）
緞面繡
3024（3）
3046（3）
522（3）
3340（3）
造型珠
周圍毛邊繡 3340（3）
T針

D

耳針五金
9針
玻璃珠 445（2）
緞面繡
445（3）
310（3）
311（3）
169（3）
造型珠
周圍毛邊繡 445（3）
T針

▌原寸圖案▐

※箭頭為線條方向。

※數字為DMC25號繡線的色號。

※（　）中的數字意指繡線的股數。

P.14 6 [A·B·C·D·E·F]

材料

A

DMC25號繡線…977（焦糖色）·758（粉米色）
　　　　　647（橄欖灰）
平織布…15cm×15cm
接著襯（不織布型·薄）…15cm×15cm
不織布（厚度1mm）…6cm×3cm
玻璃珠（象牙白）60至68個
管珠（長3mm·白色）…18個
造型珠（直徑7mm·米白色）…2個
9針（長15mm）…2根
T針（長30mm）…2根
耳針五金…1組

B

DMC25號繡線…307（黃色）·739（象牙白）
　　　　　3853（柿子橘）
平織布…15cm×15cm
接著襯（不織布型·薄）…15cm×15cm
不織布（厚度1mm）…6cm×3cm
玻璃珠（黃色）…60至68個
管珠（長3mm·淺金色）…18個
造型珠（直徑10mm·象牙白）…2個
亮片　平面圓形（直徑4mm·金色）…2個
9針（長15mm）…2根
T針（長30mm）…2根
耳針五金…1組

C

DMC25號繡線…554（淺紫色）·938（焦茶色）
　　　　　3853（柿子橘）
平織布…15cm×15cm
接著襯（不織布型·薄）…15cm×15cm
不織布（厚度1mm）…6cm×3cm
玻璃珠（消光橘）…60至68個
管珠（長3mm·淺金色）…18個
造型珠（直徑7mm·黑色）…2個
9針（長15mm）…2根
T針（長30mm）…2根
耳針五金…1組

D

DMC25號繡線…964（淺綠松色）
　　　　　938（焦茶色）
　　　　　3790（灰咖色）
平織布…15cm×15cm
接著襯（不織布型·薄）…15cm×15cm
不織布（厚度1mm）…6cm×3cm
玻璃珠（淺灰色）…60至68個
管珠（長3mm·淺金色）…18個
造型珠（直徑7mm·水藍色）…2個
9針（長15mm）…2根
T針（長30mm）…2根
耳針五金…1組

E

DMC25號繡線…815（酒紅色）·3064（淺咖啡色）
　　　　　3705（草莓紅）
平織布…15cm×15cm
接著襯（不織布型·薄）…15cm×15cm
不織布（厚度1mm）…6cm×3cm
玻璃珠（淺粉紅色）…60至68個
管珠（長3mm·白色）…18個
棉珍珠（直徑8mm·紅色）…2個
9針（長15mm）…2根
T針（長30mm）…2根
耳針五金…1組

F

DMC25號繡線…522（淺苔綠）·3781（咖啡色）
　　　　　3790（灰咖色）
平織布…15cm×15cm
接著襯（不織布型·薄）…15cm×15cm
不織布（厚度1mm）…6cm×3cm
玻璃珠（淺咖色）…60至68個
管珠（長3mm·淺金色）…18個
造型珠（高10mm·金色）…2個
9針（長15mm）…2根
T針（長30mm）…2根
耳針五金…1組

原寸圖案

※ □ 為管珠接縫位置。　　※箭頭為線條方向。

作法（參見P.38）

1. 平織布燙貼接著襯，描上圖案。
2. 在管珠縫繡位置之外的區塊，隨意選取三種顏色的繡線進行填繡。完成後再繡上管珠。
3. 沿外圍繡一圈玻璃珠鑲邊。（單支耳環以繡上30至34個玻璃珠為基準。）
4. 在繡好的圖案外圍預留一圈白布，粗裁剪下。接著疊上不織布，並把四周修剪整齊。
5. A·C·D·F以T針穿過造型珠，B以T針穿過亮片＆造型珠，E以T針穿過棉珍珠，
　　並將前端彎摺成圈。接連耳針五金的9針前端也彎摺成圈備用。
6. 9針·T針塗上瞬間膠，黏貼於繡片背面，再重疊黏貼上不織布。
7. 沿外圍進行一圈毛邊繡。
8. 將耳針五金與9針接連在一起。

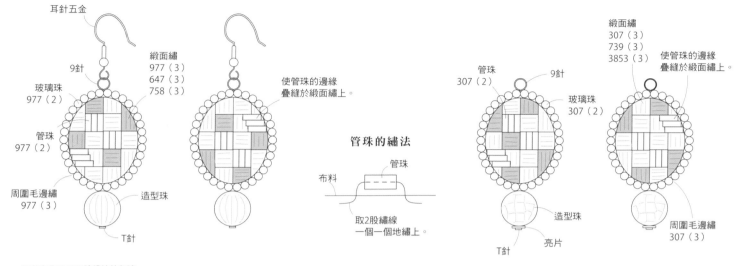

耳針五金

綴面繡
977（3）
647（3）
758（3）

9針

玻璃珠
977（2）

管珠
977（2）

周圍毛邊繡
977（3）

造型珠

T針

使管珠的邊緣
疊縫於綴面繡上。

管珠的繡法

管珠

布料

取2股繡線
一個一個地繡上。

綴面繡
307（3）
739（3）
3853（3）

管珠
307（2）

9針

玻璃珠
307（2）

使管珠的邊緣
疊縫於綴面繡上。

造型珠

T針

亮片

周圍毛邊繡
307（3）

※數字為DMC25號繡線的色號。
※（ ）中的數字意指繡線的股數。

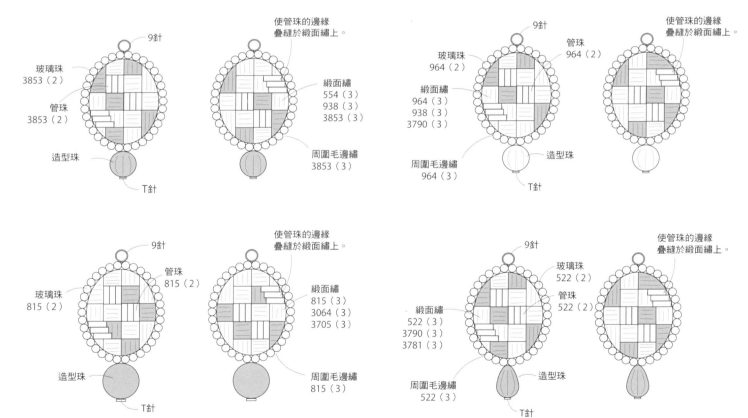

9針

玻璃珠
3853（2）

管珠
3853（2）

造型珠

T針

使管珠的邊緣
疊縫於綴面繡上。

綴面繡
554（3）
938（3）
3853（3）

周圍毛邊繡
3853（3）

9針

玻璃珠
964（2）

管珠
964（2）

綴面繡
964（3）
938（3）
3790（3）

周圍毛邊繡
964（3）

使管珠的邊緣
疊縫於綴面繡上。

造型珠

T針

9針

玻璃珠
815（2）

管珠
815（2）

造型珠

T針

使管珠的邊緣
疊縫於綴面繡上。

綴面繡
815（3）
3064（3）
3705（3）

周圍毛邊繡
815（3）

9針

玻璃珠
522（2）

管珠
522（2）

綴面繡
522（3）
3790（3）
3781（3）

周圍毛邊繡
522（3）

使管珠的邊緣
疊縫於綴面繡上。

造型珠

T針

材 料

A

DMC25號繡線…3743（紫丁香灰）
　　　　　　3609（蘭粉色）
　　　　　　3849（青磁色）
　　　　　　335（深玫瑰粉紅）
平織布…15cm×15cm
接著襯（不織布型・薄）…15cm×15cm
不織布（厚度1mm）…10cm×3cm
珍珠（直徑2.5mm・粉紅色）…24至26個
9針（長15mm）…2根
耳針五金…1組

C

DMC25號繡線…3766（淺青綠）
　　　　　　758（粉米色）
　　　　　　414（碳灰色）
　　　　　　415（淺灰色）
平織布…15cm×15cm
接著襯（不織布型・薄）…15cm×15cm
不織布（厚度1mm）…10cm×3cm
珍珠（直徑2.5mm・灰色）…24至26個
9針（長15mm）…2根
耳針五金…1組

E

DMC25號繡線…522（淺苔綠）
　　　　　　3819（淺萊姆色）
　　　　　　3341（淺橘色）
　　　　　　564（淺黃綠色）
平織布…15cm×15cm
接著襯（不織布型・薄）…15cm×15cm
不織布（厚度1mm）…10cm×3cm
珍珠（直徑2.5mm・淺綠色）…24至26個
9針（長15mm）…2根
耳針五金…1組

B

DMC25號繡線…415（淺灰色）・3341（淺橘色）
　　　　　　3712（深珊瑚色）・761（淺桃粉色）
平織布…15cm×15cm
接著襯（不織布型・薄）…15cm×15cm
不織布（厚度1mm）…10cm×3cm
珍珠（直徑2.5mm・白色）…24至26個
9針（長15mm）…2根
耳針五金…1組

D

DMC25號繡線…966（淺黃綠色）・311（深藍色）
　　　　　　3849（青磁色）・3819（淺萊姆色）
平織布…15cm×15cm
接著襯（不織布型・薄）…15cm×15cm
不織布（厚度1mm）…10cm×3cm
珍珠（直徑2.5mm・水藍色）…24至26個
9針（長15mm）…2根
耳針五金…1組

F

DMC25號繡線…3024（淺灰色）・758（粉米色）
　　　　　　966（淺黃綠色）・3822（銘黃色）
平織布…15cm×15cm
接著襯（不織布型・薄）…15cm×15cm
不織布（厚度1mm）…10cm×3cm
珍珠（直徑2.5mm・米白色）…24至26個
9針（長15mm）…2根
耳針五金…1組

原寸圖案

作法（參見P.38・P.46）

1. 平織布燙貼接著襯，描上圖案。
2. 進行緞面繡。稍微不按照圖案線進行刺繡是重點。
3. 沿著扇形的弧線繡上珍珠鑲邊。（單支耳環以繡上12至13個珍珠為基準。）
4. 在繡好的圖案外圍預留一圈白布，無珍珠邊留約10mm，珍珠邊留約5mm，粗裁剪下。
　 再將無珍珠邊的摺份布料摺往背面，避免外露地略微止縫固定。
5. 重疊上不織布，將周圍剪齊。直線邊請特別小心不要剪到布料的摺邊。
6. 將9針前端彎摺成圈。
7. 9針塗上瞬間膠，黏貼於繡片背面，再重疊黏貼上不織布。
8. 沿外圍進行一圈毛邊繡。
9. 將耳針五金與9針接連在一起。

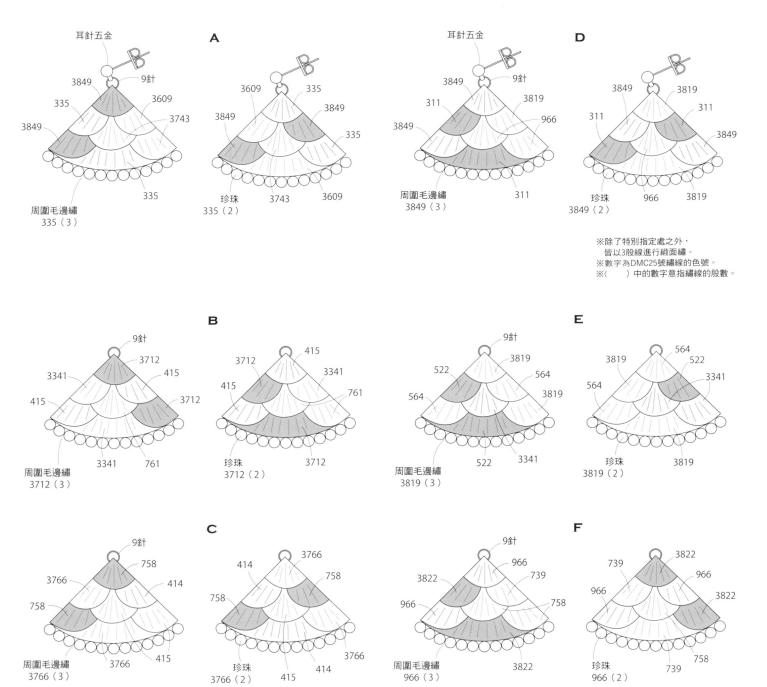

耳針五金

3849
9針
335
3609
3849
3743
3849
335

周圍毛邊繡
335（3）

A

3609
335
3849
3849
335

珍珠
335（2）
3743
3609

耳針五金

3849
9針
311
3819
3849
966
3849
311

周圍毛邊繡
3849（3）
311

D

3849
3819
311
311
3849
3819

珍珠
3849（2）
966
3819

※除了特別指定處之外，
　皆以3股線進行緞面繡。
※數字為DMC25號繡線的色號。
※（　）中的數字意指繡線的股數。

B

9針
3712
3341
415
415
3712

周圍毛邊繡
3712（3）
3341
761

3712
415
415
3341
761
3712

珍珠
3712（2）
3712

9針
3819
522
564
564
3819

周圍毛邊繡
3819（3）
522
3341

E

3819
564
564
522
3341
3819

珍珠
3819（2）
3819

C

9針
758
3766
414
758

周圍毛邊繡
3766（3）
3766
415

3766
414
758
758
3766

珍珠
3766（2）
415
414

9針
966
3822
739
966
758

周圍毛邊繡
966（3）
3822

F

3822
739
966
966
3822
758
739

珍珠
966（2）

材料

A

DMC25號繡線…347（紅色）・157（水藍色）
平織布…15cm×15cm
接著襯（不織布型・薄）…15cm×15cm
不織布（厚度1mm）…10cm×5cm
亮片　龜殼型（直徑4mm・極光色）…66片
9針（長15mm）…2根
耳針五金…1組

B

DMC25號繡線…3849（青磁色）・602（紫紅色）
平織布…15cm×15cm
接著襯（不織布型・薄）…15cm×15cm
不織布（厚度1mm）…10cm×3cm
亮片　平面圓形（直徑4mm・金色）…66片
9針（長15mm）…2根
耳針五金…1組

C

DMC25號繡線…327（紫色）・3820（芥黃色）
平織布…15cm×15cm
接著襯（不織布型・薄）…15cm×15cm
不織布（厚度1mm）…10cm×3cm
亮片　龜殼型（直徑4mm・極光色）…66片
9針（長15mm）…2根
耳針五金…1組

原寸圖案

✿ 作法（參見P.38・P.46）

1. 平織布燙貼接著襯，描上圖案。
2. 繡上亮片。
3. 繡上緞面繡。
4. 在亮片＆緞面繡的交界處進行鎖鏈繡。
5. 在繡好的圖案外圍預留一圈白布，無亮片邊留約10mm，亮片邊留約5mm，粗裁剪下。
   再將無亮片邊的摺份布料摺往背面，避免外露地略微止縫固定。
6. 重疊上不織布，將周圍剪齊。直線邊請特別小心不要剪到布料的摺邊。
   繡上亮片的部分則於邊緣修剪整齊。
7. 將9針前端彎摺成圈。
8. 9針塗上瞬間膠，黏貼於繡片背面，再重疊黏貼上不織布。
9. 沿外圍進行一圈毛邊繡。
10. 將耳針五金與9針接連在一起。

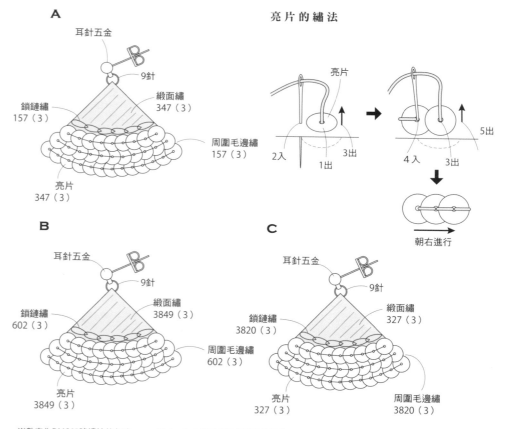

A

耳針五金
9針
鎖鏈繡 157（3）
緞面繡 347（3）
周圍毛邊繡 157（3）
亮片 347（3）

亮片的繡法

亮片
2入　1出　3出
4入　3出　5出
朝右進行

B

耳針五金
9針
鎖鏈繡 602（3）
緞面繡 3849（3）
周圍毛邊繡 602（3）
亮片 3849（3）

C

耳針五金
9針
鎖鏈繡 3820（3）
緞面繡 327（3）
亮片 327（3）
周圍毛邊繡 3820（3）

※數字為DMC25號繡線的色號。　※（　）中的數字意指繡線的股數。

P.21 12

材料 （單耳）

DMC25號繡線…966（淺黃綠色）·3340（橘色）
平織布…15cm×15cm
接著襯（不織布型·薄）…15cm×15cm
不織布（厚度1mm）…4cm×3cm
亮片　龜殼型（直徑5mm·極光色）…20片
皮繩（寬3mm）…21cm
流蘇帽（直徑 6mm·金色）…1個
9針（長15mm）…2根
耳針五金…1個

作法 （參見P.46）

1. 平織布燙貼接著襯，描上圖案。
2. 繡上緞面繡。
3. 在周圍繡上亮片。
4. 在繡好的圖案外圍預留一圈5mm白布，粗裁剪下。摺份布料摺往背面，避免外露地略微止縫固定。
5. 重疊上不織布，將周圍剪齊，但請特別小心不要剪到布料的摺邊。
6. 將9針前端彎摺成圈。
7. 9針塗上瞬間膠，黏貼於繡片背面，再重疊黏貼上不織布。
8. 沿外圍進行一圈毛邊繡。
9. 將皮繩綁成一束＆置入流蘇帽中，作成流蘇。
10. 將耳針五金＆流蘇分別與9針接連在一起。

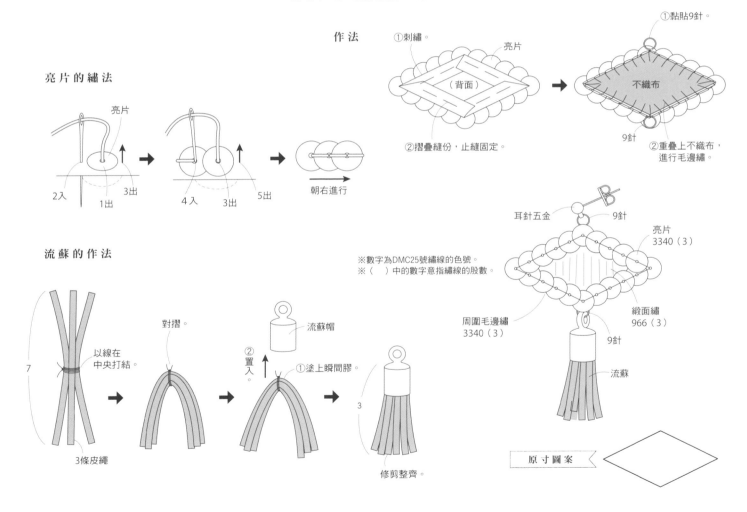

61

材 料

A

DMC25號繡線…310（黑色）·3340（橘色）·3046（淺芥黃色）·677（淺銘黃色）
平織布…15cm×15cm
接著襯（不織布型·薄）…15cm×15cm
不織布（厚度1mm）…6cm×3cm
玻璃珠（黑色）…52至56個
造型珠（高10mm·皇家藍）…2個
古董珠（金色）…2個
9針（長15mm）…2根　　T針（長30mm）…2根
耳針五金…1組

B

DMC25號繡線…964（淺綠松色）·606（橘紅色）·169（灰色）·3024（淺灰色）
平織布…15cm×15cm
接著襯（不織布型·薄）…15cm×15cm
不織布（厚度1mm）…6cm×3cm
玻璃珠（白色）…52至56個
造型珠（高5mm·白色）…2個
古董珠（紅色）…2個
9針（長15mm）…2根　　T針（長30mm）…2根
耳針五金…1組

C

DMC25號繡線…310（黑色）·3853（柿子橘）·762（淡灰色）
平織布…15cm×15cm
接著襯（不織布型·薄）…15cm×15cm
不織布（厚度1mm）…6cm×3cm
玻璃珠（象牙白）…52至56個
造型珠　扁珠（直徑8mm·象牙白）…2個
古董珠（橘色）…2個
9針（長15mm）…2根　　T針（長30mm）…2根
耳針五金…1組

原寸圖案

※箭頭為線條方向。

D

DMC25號繡線…964（淺綠松色）·334（天藍色）
　　　　　　　3752（淺藍灰色）·3822（銘黃色）
平織布…15cm×15cm
接著襯（不織布型·薄）…15cm×15cm
不織布（厚度1mm）…6cm×3cm
玻璃珠（黃色）…54至58個
造型珠　算盤型（高6mm·古銅色）…2個
9針（長15mm）…2根　　T針（長30mm）…2根
耳針五金…1組

E

DMC25號繡線…761（淺桃粉色）·3705（草莓紅）
　　　　　　　317（灰色）·414（碳灰色）
平織布…15cm×15cm
接著襯（不織布型·薄）…15cm×15cm
不織布（厚度1mm）…6cm×3cm
玻璃珠（灰色）…52至56個
造型珠（高5mm·白色）…2個
古董珠（粉紅色）…2個
9針（長15mm）…2根　　T針（長30mm）…2根
耳針五金…1組

✿ 作法（參見P.38）

1. 平織布燙貼接著襯，描上圖案。

2. 進行緞面繡。

3. 沿外圍繡一圈玻璃珠鑲邊。（單支耳環以繡上26至28個玻璃珠為基準。）

4. 在繡好的圖案外圍預留一圈白布，粗裁剪下。接著疊上不織布，將四周修剪整齊。

5. 僅**D**以T針穿入玻璃珠&造型珠，其他作品皆以T針穿過古董珠&造型珠，並將前端彎摺成圈
   再將接連耳針五金的9針前端也彎摺成圈備用。

6. 9針&穿入珠飾的T針塗上瞬間膠，黏貼於繡片背面，再重疊黏貼上不織布。

7. 沿外圍進行一圈毛邊繡。

8. 將耳針五金與9針接連在一起。

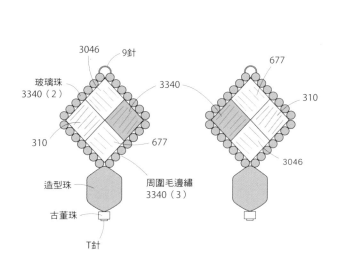

3046　9針
玻璃珠
3340（2）　3340
310　677
造型珠　周圍毛邊繡
3340（3）
古董珠
T針

677
310
3046

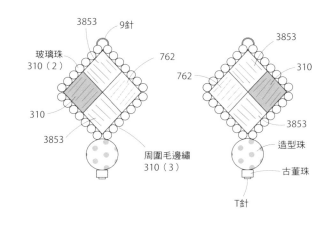

3853　9針
玻璃珠
310（2）　762
310
3853
周圍毛邊繡
310（3）

3853
762　310
3853
造型珠
古董珠
T針

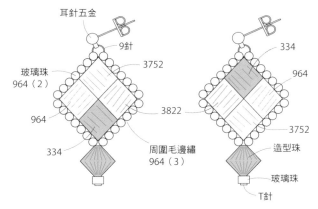

耳針五金
9針
玻璃珠
964（2）　3752
964
334
周圍毛邊繡
964（3）

334
964
3822
3752
造型珠
玻璃珠
T針

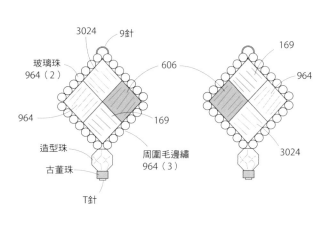

3024　9針
玻璃珠
964（2）　606
964　169
造型珠　周圍毛邊繡
古董珠　964（3）
T針

169
964
3024

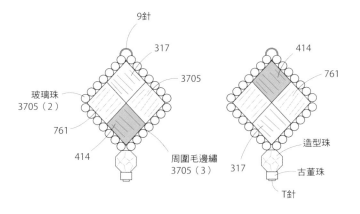

9針
317
玻璃珠
3705（2）　3705
761
414　周圍毛邊繡
3705（3）

414
761
造型珠
317　古董珠
T針

※除了特別指定處之外，皆以3股線進行緞面繡。
※數字為DMC25號繡線的色號。
※（　）中的數字意指繡線的股數。

▶ 材 料 ◀

A

DMC25號繡線⋯3024（淺灰色）·522（淺苔綠）·935（森林綠）
DMC Light Effects 金蔥繡線（25號繡線）⋯E3821（金色）
平織布⋯15cm×15cm
接著襯（不織布型·薄）⋯15cm×15cm
不織布（厚度1mm）⋯6cm×3cm
玻璃珠（駝色）⋯54至58個
皮繩（寬3mm幅·卡其色）⋯42cm
流蘇帽（直徑 6mm·金色）⋯2個
9針（長15mm）⋯4根　　耳針五金⋯1組

B

DMC25號繡線⋯758（粉米色）·317（灰色）·310（黑色）
DMC Light Effects 金蔥繡線（25號繡線）⋯E3821（金色）
平織布⋯15cm×15cm
接著襯（不織布型·薄）⋯15cm×15cm
不織布（厚度1mm）⋯6cm×3cm
玻璃珠（深藍色）⋯54至58個
皮繩（寬3mm·焦茶色）⋯42cm
流蘇帽（直徑 6mm·金色）⋯2個
9針（長15mm）⋯4根　　耳針五金⋯1組

C

DMC25號繡線⋯347（紅色）·677（淺銘黃色）·729（黃土色）
DMC Light Effects 金蔥繡線（25號繡線）⋯E3821（金色）
平織布⋯15cm×15cm
接著襯（不織布型·薄）⋯15cm×15cm
不織布（厚度1mm）⋯6cm×3cm
玻璃珠（駝色）⋯54至58個
皮繩（寬3mm·駝色）⋯42cm
流蘇帽（直徑 6mm·金色）⋯2個
9針（長15mm）⋯4根　　耳針五金⋯1組

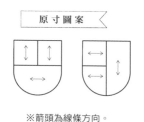

原寸圖案

※箭頭為線條方向。

❀ 作法（參見P.38）

1. 平織布燙貼接著襯，描上圖案。
2. 繡上緞面繡，交界處進行輪廓繡。
3. 沿外圍繡一圈玻璃珠鑲邊。（單支耳環以繡上27至29個玻璃珠為基準。）
4. 在繡好的圖案外圍預留一圈白布，粗裁剪下。
   接著疊上不織布，將四周修剪整齊。
5. 將9針的前端彎摺成圈。
6. 9針塗上瞬間膠，黏貼於繡片背面，再重疊黏貼上不織布。
7. 沿外圍進行一圈毛邊繡。
8. 將皮繩綁成一束＆置入流蘇帽中，作成流蘇。
9. 分別將流蘇＆耳針五金與9針接連在一起。

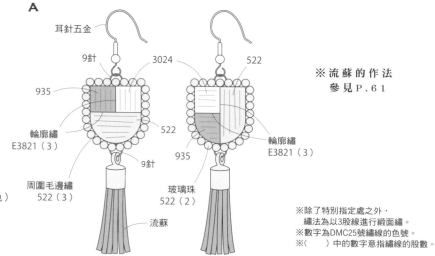

※ 流蘇的作法
參見P.61

※除了特別指定處之外，
繡法為以3股線進行緞面繡。
※數字為DMC25號繡線的色號。
※（ ）中的數字意指繡線的股數。

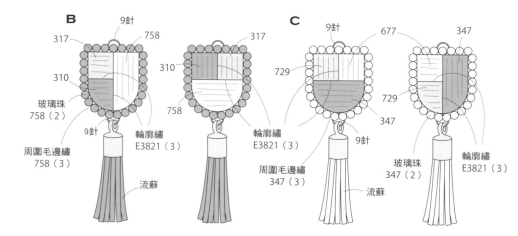

P.24 14 [A·B]

材

材　料

A

DMC25號繡線…415（淺灰色）・350（紅色）

平織布…15cm×15cm

接著襯（不織布型・薄）…15cm×15cm

不織布（厚度1mm）…6cm×3cm

玻璃珠（象牙白）…約60個

流蘇（寬1.5cm）…3cm

9針（長15mm）…2根

耳針五金…1組

B

DMC25號繡線…3790（灰咖色）・677（淺銘黃色）

平織布…15cm×15cm

接著襯（不織布型・薄）…15cm×15cm

不織布（厚度1mm）…6cm×3cm

玻璃珠（象牙白）…約60個

流蘇（寬1.5cm）…3cm

9針（長15mm）…2根

耳針五金…1組

作法（參見P.38）

1. 平織布燙貼接著襯，描上圖案。

2. 繡上緞面繡。

3. 沿外圍繡一圈玻璃珠鑲邊。（單支耳環以繡上30個玻璃珠為基準。）

4. 在繡好的圖案外圍預留一圈白布，粗裁剪下。接著疊上不織布，將四周修剪整齊。

5. 將9針的前端彎摺成圈。

6. 9針＆流蘇塗上瞬間膠，黏貼於繡片背面，再重疊黏貼上不織布。

7. 沿黏貼流蘇以外的其餘三邊進行毛邊繡。

8. 將耳針五金與9針接連在一起。

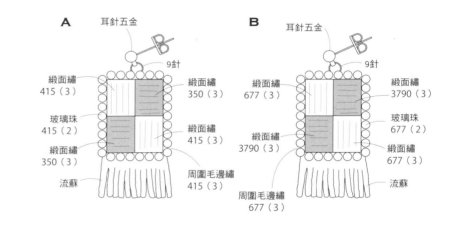

※數字為DMC25號繡線的色號。
※（　）中的數字意指繡線的股數。

作法

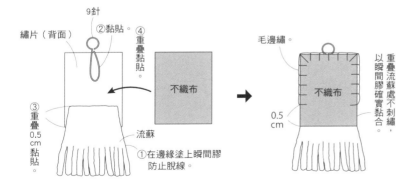

原

原寸圖案

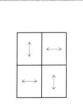

※箭頭為線條方向。

65

材　料

A

DMC25號繡線…3790（灰咖色）・977（焦糖色）
　　　　　935（森林綠）・739（象牙白）
平織布…15cm×15cm
接著襯（不織布型・薄）…15cm×15cm
不織布（厚度1mm）…6cm×4cm
珍珠（直徑2mm・白色）…16個
古董珠（紫色）…68至72個
9針（長15mm）…2根　　耳針五金…1個

B

DMC25號繡線…169（灰色）・959（綠松色）
　　　　　677（淺銘黃色）・3743（紫丁香灰）
平織布…15cm×15cm
接著襯（不織布型・薄）…15cm×15cm
不織布（厚度1mm）…6cm×4cm
珍珠（直徑2mm・白色）…16個
古董珠（淺金色）…68至72個
9針（長15mm）…2根　　耳針五金…1組

C

DMC25號繡線…169（灰色）・3824（鮭魚粉紅）
　　　　　415（淺灰色）・754（淺紅褐色）
平織布…15cm×15cm
接著襯（不織布型・薄）…15cm×15cm
不織布（厚度1mm）…6cm×4cm
珍珠（直徑2mm・淺粉紅色）…16個
古董珠（消光銀）…68至72個
9針（長15mm）…2根　　耳針五金…1組

D

DMC25號繡線…165（淺木頭色）・930（群青色）
　　　　　169（灰色）・3024（淺灰色）
平織布…15cm×15cm
接著襯（不織布型・薄）…15cm×15cm
不織布（厚度1mm）…6cm×4cm
珍珠（直徑2mm・銀色）…16個
古董珠（消光銀）…68至72個
9針（長15mm）…2根　　耳針五金…1組

E

DMC25號繡線…451（粉灰色）・758（粉米色）
　　　　　930（群青色）・3064（淺咖啡色）
平織布…15cm×15cm
接著襯（不織布型・薄）…15cm×15cm
不織布（厚度1mm）…6cm×4cm
珍珠（直徑2mm・粉紅色）…16個
古董珠（深粉紅色）…68至72個
9針（長15mm）…2根　　耳針五金…1組

F

DMC25號繡線…815（酒紅色）・350（紅色）
　　　　　648（銀色）・3024（淺灰色）
平織布…15cm×15cm
接著襯（不織布型・薄）…15cm×15cm
不織布（厚度1mm）…6cm×4cm
珍珠（直徑2mm・粉紅色）…16個
古董珠（紅色）…68至72個
9針（長15mm）…2根　　耳針五金…1組

G

DMC25號繡線…3849（青磁色）・310（黑色）
　　　　　3024（淺灰色）・3064（淺咖啡色）
平織布…15cm×15cm
接著襯（不織布型・薄）…15cm×15cm
不織布（厚度1mm）…6cm×4cm
珍珠（直徑2mm・灰色）…16個
古董珠（水藍色）…68至72個
9針（長15mm）…2根　　耳針五金…1組

H

DMC25號繡線…597（淡青綠）・602（紫紅色）
　　　　　3024（淺灰色）・930（群青色）
平織布…15cm×15cm
接著襯（不織布型・薄）…15cm×15cm
不織布（厚度1mm）…6cm×4cm
珍珠（直徑2mm・水藍色）…16個
古董珠（水藍色）…68至72個
9針（長15mm）…2根　　耳針五金…1組

原寸圖案

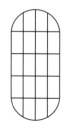

▶ 材 料 ◀

I
——

DMC25號繡線…414（碳灰色）‧350（紅色）
　　　　　　415（淺灰色）‧642（灰咖啡）

平織布…15cm×15cm

接著襯（不織布型‧薄）…15cm×15cm

不織布（厚度1mm）…6cm×4cm

珍珠（直徑2mm‧灰色）…16個

古董珠（橘紅色）…68至72個

9針（長15mm）…2根

耳針五金…1組

✿ 作法（參見P.38）

1. 平織布燙貼接著襯，描上圖案。

2. 以緞面繡隨機繡上4色繡線。色彩交界處不要繡得太過分明，繡得較模糊是重點。

3. 於周圍繡上珍珠＆古董珠。

　（珍珠配置於上‧下中央區段。單支耳環以繡上34至38個古董珠為基準。）

4. 在繡好的圖案外圍預留一圈白布，粗裁剪下。接著疊上不織布，將四周修剪整齊。

5. 將9針的前端彎摺成圈。

6. 9針塗上瞬間膠，黏貼於繡片背面，再重疊黏貼上不織布。

7. 沿外圍進行一圈毛邊繡。

8. 接連上耳針五金。

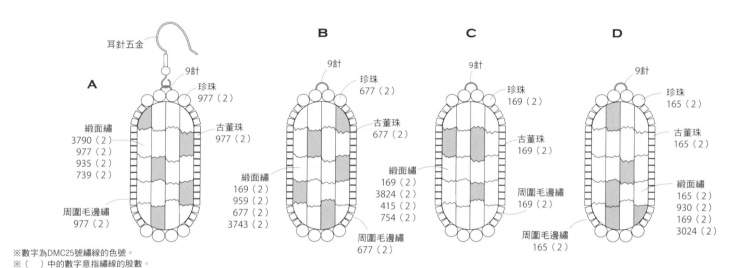

※數字為DMC25號繡線的色號。
※（ ）中的數字意指繡線的股數。

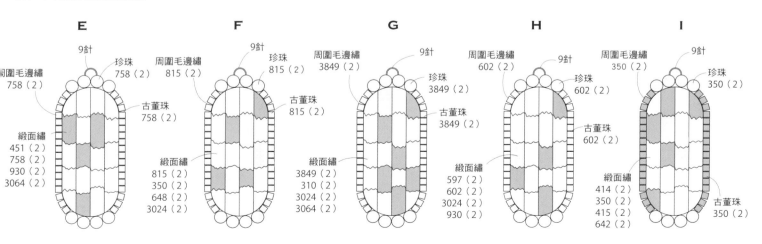

材 料

A

DMC25號繡線…169（灰色）‧350（紅色）‧3024（淺灰色）

平織布…15cm×15cm

接著襯（不織布型‧薄）…15cm×15cm

不織布（厚度1mm）…8cm×4cm

玻璃珠（米白色）…40至42個
　　　（金色）…40至42個

緞帶（寬15mm‧直條紋）…12cm

9針（長15mm）…2根　　耳針五金…1組

B

DMC25號繡線…169（灰色）‧350（紅色）
　　　　　3024（淺灰色）

平織布…15cm×15cm

接著襯（不織布型‧薄）…15cm×15cm

不織布（厚度1mm）…8cm×4cm

玻璃珠（米白色）…40至42個
　　　（金色）…40至42個

緞帶（寬15mm‧直條紋）…12cm

9針（長15mm）…2根　　耳針五金…1組

C

DMC25號繡線…169（灰色）‧350（紅色）
　　　　　3024（淺灰色）

平織布…15cm×15cm

接著襯（不織布型‧薄）…15cm×15cm

不織布（厚度1mm）…8cm×4cm

玻璃珠（米白色）…40至42個
　　　（金色）…40至42個

緞帶（寬15mm‧直條紋）…12cm

9針（長15mm）…2根　　耳針五金…1組

作法（參見P.38）

1. 平織布邊貼接著襯，描上圖案。

2. 進行緞面繡。

3. 沿外圍繡一圈玻璃珠鑲邊。（單支耳環以繡上40至42個玻璃珠為基準。）

4. 在繡好的圖案外圍預留一圈白布，粗裁剪下。接著疊上不織布，將四周修剪整齊。

5. 將9針的前端彎摺成圈。

6. 9針＆緞帶塗上瞬間膠，黏貼於繡片背面，再重疊黏上不織布。

7. 在黏貼緞帶以外的周邊進行毛邊繡。

8. 將耳針五金與9針接連在一起。

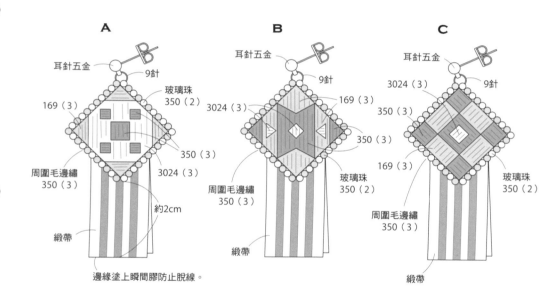

A
耳針五金
9針
玻璃珠
350（2）
169（3）
350（3）
3024（3）
周圍毛邊繡
350（3）
約2cm
緞帶
邊緣塗上瞬間膠防止脫線。

B
耳針五金
9針
3024（3）
169（3）
350（3）
周圍毛邊繡
350（3）
玻璃珠
350（2）
緞帶

C
耳針五金
3024（3）
9針
350（3）
169（3）
玻璃珠
350（2）
周圍毛邊繡
350（3）
緞帶

※數字為DMC25號繡線的色號。
※（　）中的數字意指繡線的股數。

原寸圖案

A 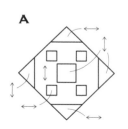　　B 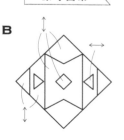　　C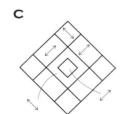

※箭頭為線條方向。

68

P.28 18 [A·B·C]

作法

①貼上9針。

繡片

（背面）

③黏貼。

②對摺。

3

緞帶6cm

重疊黏貼。

不織布

進行毛邊繡。

不織布

繡片
（背面）

緞帶處不繡。

緞帶

材料

A

DMC25號繡線…3824（鮭魚粉紅）・157（水藍色）
平織布…15cm×15cm
接著襯（不織布型・薄）…15cm×15cm
不織布（厚度1mm）…6cm×3cm
珍珠（直徑3mm・白色）…14個
9針（長15mm）…2根　　耳針五金…1組

B

DMC25號繡線…316（淺紅紫色）・415（淺灰色）
平織布…15cm×15cm
接著襯（不織布型・薄）…15cm×15cm
不織布（厚度1mm）…6cm×3cm
珍珠（直徑3mm・粉紅色）…14個
9針（長15mm）…2根　　耳針五金…1組

C

DMC25號繡線…930（群青色）・758（粉米色）
平織布…15cm×15cm
接著襯（不織布型・薄）…15cm×15cm
不織布（厚度1mm）…6cm×3cm
珍珠（直徑3mm・灰色）…14個
9針（長15mm）…2根　　耳針五金…1組

作法（參見P.38・P.46）

1. 平織布燙貼接著襯，描上圖案。
2. 進行緞面繡，再於下方邊緣繡上珍珠。
3. 在繡好的圖案外圍預留一圈白布，
   無珍珠邊留約10mm，珍珠邊留約5mm，粗裁剪下。
   再將無珍珠邊的10mm摺份布料摺往背面，外露地略微止縫固定。
4. 重疊上不織布，將四周修剪整齊，但不要剪到摺疊的布邊。
   繡有珍珠的部份則將邊緣剪齊。
5. 將9針的前端彎摺成圈，塗上瞬間膠黏貼於繡片背面，
   再重疊黏貼上不織布。
6. 沿外圍進行一圈毛邊繡。
7. 將耳針五金與9針接連在一起。

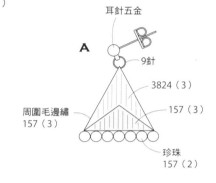

耳針五金

A

9針

3824（3）

157（3）

周圍毛邊繡
157（3）

珍珠
157（2）

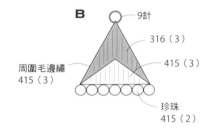

B

9針

316（3）

415（3）

周圍毛邊繡
415（3）

珍珠
415（2）

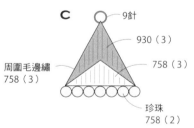

C

9針

930（3）

758（3）

周圍毛邊繡
758（3）

珍珠
758（2）

※數字為DMC25號繡線的色號。
※（　）中的數字意指繡線的股數。

原寸圖案

▶ **材 料** ◀

A

DMC25號繡線…3024（淺灰色）
平織布…15cm×15cm
接著襯（不織布型・薄）…15cm×15cm
不織布（厚度1mm）…6cm×3cm
玻璃珠（白色）…12個
珍珠（直徑3mm・白色）…2個
亮片　花型（直徑6mm・淺金色）…14個
圓環（直徑15mm・淺金色）…2個
流蘇裝飾（長2.5cm）…2個
9針（長15mm）…4根
單圈（直徑3mm）…2個
耳針五金…1組

B

DMC25號繡線…347（紅色）
平織布…15cm×15cm
接著襯（不織布型・薄）…15cm×15cm
不織布（厚度1mm）…6cm×3cm
玻璃珠（紅色）…12個
珍珠（直徑3mm・白色）…2個
亮片　花型（直徑6mm・淺金色）…14個
圓環（直徑15mm・淺金色）…2個
流蘇裝飾（長2.5cm）…2個
9針（長15mm）…4根
單圈（直徑3mm）…2個
耳針五金…1組

※數字為DMC25號繡線的色號。
※（　）中的數字意指繡線的股數。

◆ **原 寸 圖 案** ◆

✿ **作法（參見P.38）**

1. 平織布燙貼接著襯，描上圖案。

2. 放上圓環，止縫固定四處。

3. 以玻璃珠縫合在亮片上作固定，中央則以珍珠縫合固定。

4. 在繡好的圖案外圍預留一圈白布，粗裁剪下。接著疊上不織布，將四周修剪整齊。

5. 將9針的前端彎摺成圈。

6. 9針塗上瞬間膠，黏貼於繡片背面，再重疊黏貼上不織布。

7. 沿外圍進行一圈毛邊繡。

8. 兩個9針分別接連耳針五金＆裝上單圈的流蘇裝飾。

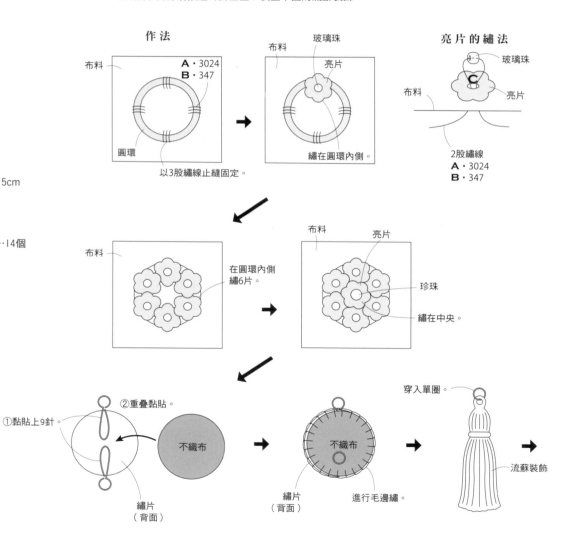

P.27 17 [A·B·C]

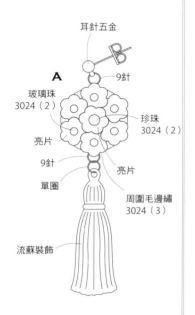

A

耳針五金

9針

玻璃珠
3024（2）

亮片

珍珠
3024（2）

9針

亮片

單圈

周圍毛邊繡
3024（3）

流蘇裝飾

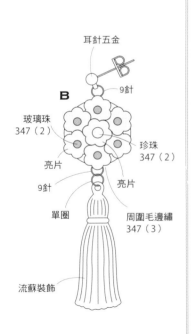

B

耳針五金

9針

玻璃珠
347（2）

亮片

珍珠
347（2）

9針

亮片

單圈

周圍毛邊繡
347（3）

流蘇裝飾

材　料

A

DMC25號繡線…815（酒紅色）·3064（薄茶色）
平織布…15cm×15cm
接著襯（不織布型·薄）…15cm×15cm
不織布（厚度1mm）…6cm×4cm
珍珠（直徑4mm·紅色）…16個
9針（長15mm）…2根
耳針五金…1組

B

DMC25號繡線…935（森林綠）
　　　　　　　647（橄欖灰）
平織布…15cm×15cm
接著襯（不織布型·薄）…15cm×15cm
不織布（厚度1mm）…6cm×4cm
珍珠（直徑4mm·綠色）…16個
9針（長15mm）…2根　　耳針五金…1組

C

DMC25號繡線…3781（咖啡色）
　　　　　　　3712（深珊瑚色）
平織布…15cm×15cm
接著襯（不織布型·薄）…15cm×15cm
不織布（厚度1mm）…6cm×4cm
珍珠（直徑3mm·灰色）…16個
9針（長15mm）…2根　　耳針五金…1組

❀ 作法（參見P.38·P.46）

1. 平織布燙貼接著襯，描上圖案。
2. 進行鎖鏈繡，於內側各繡2列。
3. 在上下各繡上4顆珍珠。
4. 在繡好的圖案外圍預留一圈白布，無珍珠邊留約10mm，珍珠邊留約5mm，粗裁剪下。
　 再將無珍珠邊的摺份布料摺往背面，避免外露地略止縫固定。
5. 重疊上不織布，將四周修剪整齊，但不要剪到摺疊的布邊。
　 繡上珍珠的部份則將邊緣剪齊。
6. 將9針的前端彎摺成圈，塗上瞬間膠，黏貼於繡片背面，再重疊黏貼上不織布。
7. 沿外圍進行一圈毛邊繡。
8. 將耳針五金與9針接連在一起。

A

耳針五金

9針

鎖鏈繡
815（3）

鎖鏈繡
3064（3）

周圍毛邊繡
3064（3）

珍珠
3064（2）

珍珠的繡法

珍珠

布料

取2股繡線
一個一個地繡上。

B

9針

鎖鏈繡
935（3）

鎖鏈繡
647（3）

周圍毛邊繡
647（3）

珍珠
647（2）

C

9針

鎖鏈繡
3781（3）

鎖鏈繡
3712（3）

周圍毛邊繡
3712（3）

珍珠
3712（2）

※數字為DMC25號繡線的色號。
※（　）中的數字意指繡線的股數。

原寸圖案

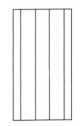

材 料（單耳）

A

DMC25號繡線…977（焦糖色）·964（淺綠松色）
平織布…15cm×15cm
接著襯（不織布型·薄）…15cm×15cm
不織布（厚度1mm）…4cm×3cm
亮片　平面圓形（直徑4mm·金色）…7片
羽毛（長7cm）…1片
9針（長15mm）…1根
耳針五金…1個

B

DMC25號繡線…316（淺紅紫色）·415（淺灰色）
平織布…15cm×15cm
接著襯（不織布型·薄）…15cm×15cm
不織布（厚度1mm）…4cm×3cm
亮片　龜殼型（直徑5mm·極光色）…8片
羽毛（長7cm）…1片
9針（長15mm）…1根
耳針五金…1個

C

DMC25號繡線…758（粉米色）·930（群青色）
平織布…15cm×15cm
接著襯（不織布型·薄）…15cm×15cm
不織布（厚度1mm）…4cm×3cm
亮片　平面圓形（直徑5mm·極光色）…15片
羽毛（長7cm）…1片
9針（長15mm）…1根
耳針五金…1個

> 原寸圖案

作法（參見P.38·P.46）

1. 平織布燙貼接著襯，描上圖案。
2. 進行緞面繡。
3. 繡上亮片。
4. 在繡好的圖案外圍預留一圈約5mm白布，粗裁剪下。
   再沿圖案線摺疊摺份，避免外露地略微止縫固定。
5. 重疊上不織布，並將四周修剪整齊，但不要剪到摺疊的布邊。
6. 將9針的前端彎摺成圈，並塗上瞬間膠，黏貼於繡片背面。
7. 以瞬間膠黏貼羽毛，再重疊黏貼上不織布。
8. 沿外圍進行毛邊繡。
9. 將耳針五金與9針接連在一起。

A　作法

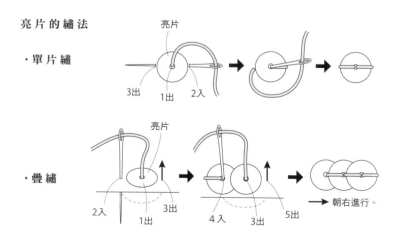

亮片的繡法

·單片繡

·疊繡

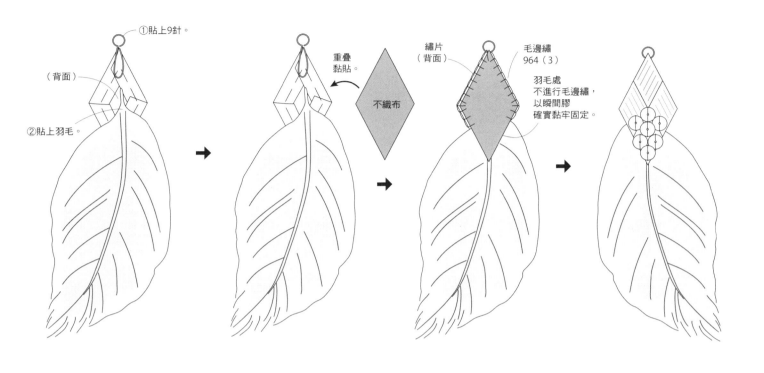

①貼上9針。

（背面）

②貼上羽毛。

重疊
黏貼。

不織布

繡片
（背面）

毛邊繡
964（3）

羽毛處
不進行毛邊繡，
以瞬間膠
確實黏牢固定。

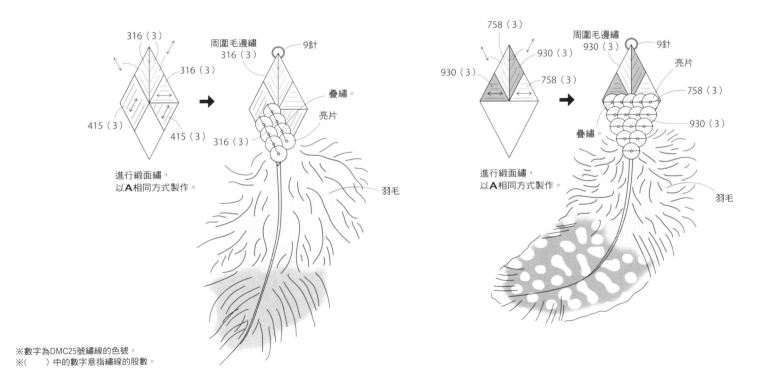

316（3）

316（3）

316（3）

415（3）

415（3）

進行緞面繡，
以A相同方式製作。

周圍毛邊繡
316（3）

9針

疊繡。

亮片

316（3）

羽毛

758（3）

930（3）

930（3）

758（3）

進行緞面繡，
以A相同方式製作。

周圍毛邊繡
930（3）

9針

亮片

758（3）

930（3）

疊繡。

羽毛

※數字為DMC25號繡線的色號。
※（ ）中的數字意指繡線的股數。

73

材　料

A

DMC25號繡線…602（紫紅色）‧647（橄欖灰）
平織布…15cm×15cm
接著襯（不織布型‧薄）…15cm×15cm
不織布（厚度1mm）…6cm×3cm
古董珠（粉紅色）…26至28個
造型珠（高12mm‧橘色）…2個
9針（長30mm）…2根
耳夾五金…1組

B

DMC25號繡線…3766（淺青綠）‧3024（淺灰色）
平織布…15cm×15cm
接著襯（不織布型‧薄）…15cm×15cm
不織布（厚度1mm）…6cm×3cm
古董珠（白色）…26至28個
造型珠（高12mm‧水藍色）…2個
9針（長30mm）…2根
耳夾五金…1組

C

DMC25號繡線…3820（芥黃色）‧3041（紫灰色）
平織布…15cm×15cm
接著襯（不織布型‧薄）…15cm×15cm
不織布（厚度1mm）…6cm×3cm
古董珠（淺金色）…26至28個
造型珠（高12mm‧芥黃色）…2個
9針（長30mm）…2根
耳夾五金…1組

D

DMC25號繡線…930（群青色）‧3853（柿子橘）
平織布…15cm×15cm
接著襯（不織布型‧薄）…15cm×15cm
不織布（厚度1mm）…6cm×3cm
古董珠（橘色）…26至28個
造型珠（高12mm‧深藍色）…2個
9針（長30mm）…2根
耳夾五金…1組

原寸圖案

🌸 **作法**（參見P.38‧P.46）

1. 平織布燙貼接著襯，描上圖案。
2. 先繡直向緞面繡，再繡上方的橫向緞面繡。
3. 沿下緣弧線繡上古董珠鑲邊。（單支耳環以繡上13至14個古董珠為基準。）
4. 在繡好的圖案外圍預留一圈白布，古董珠邊留約5mm，無古董珠邊留約10mm，粗裁剪下。
   再將無古董珠邊的摺份布料摺往背面，避免外露地略微止縫固定。
5. 重疊上不織布，將四周修剪整齊，但不要剪到摺疊的布邊。
6. 9針穿過造型珠，將前端彎摺成圈。
7. 9針塗上瞬間膠，黏貼於繡片背面，重疊黏貼上不織布。
8. 沿外圍進行一圈毛邊繡。
9. 將耳夾五金與9針接連在一起。

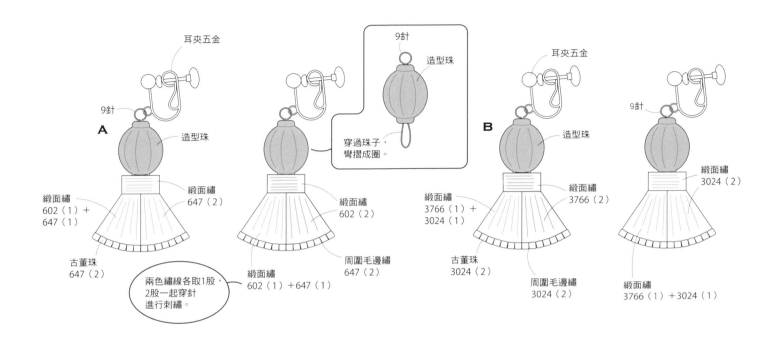

耳夾五金

9針

造型珠

A

緞面繡
602（1）+
647（1）

緞面繡
647（2）

古董珠
647（2）

緞面繡
602（2）

兩色繡線各取1股，
2股一起穿針
進行刺繡。

緞面繡
602（1）+647（1）

周圍毛邊繡
647（2）

9針

造型珠

穿過珠子，
彎摺成圈。

耳夾五金

造型珠

B

緞面繡
3766（1）+
3024（1）

緞面繡
3766（2）

古董珠
3024（2）

周圍毛邊繡
3024（2）

9針

緞面繡
3024（2）

緞面繡
3766（1）+3024（1）

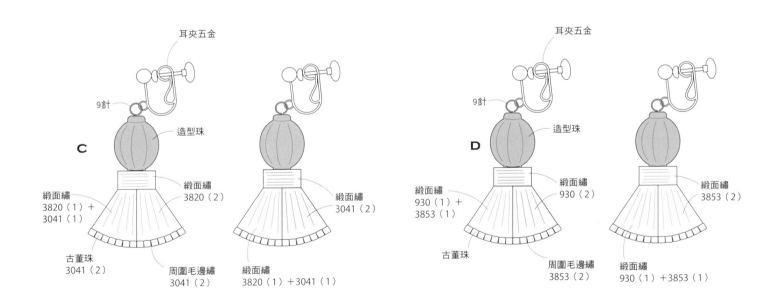

耳夾五金

9針

造型珠

C

緞面繡
3820（1）+
3041（1）

緞面繡
3820（2）

古董珠
3041（2）

周圍毛邊繡
3041（2）

緞面繡
3041（2）

緞面繡
3820（1）+3041（1）

耳夾五金

9針

造型珠

D

緞面繡
930（1）+
3853（1）

緞面繡
930（2）

古董珠

周圍毛邊繡
3853（2）

緞面繡
3853（2）

緞面繡
930（1）+3853（1）

※數字為DMC25號繡線的色號。　※（　　）中的數字意指繡線的股數。

材 料

DMC25號繡線…956（粉紅色）
　　　　　　 964（淺綠松色）
平織布（淺青綠）…15cm×15cm
接著襯（不織布型・薄）…15cm×15cm
不織布（厚度1mm）…10cm×5cm
玻璃珠（金色）…約86個
花邊帶（寬18mm）…9cm
髮夾五金（寬8cm）…1個

作法（參見P.38）

1. 平織布燙貼接著襯，描上圖案。
2. 依指示針法進行繡刺。繞線回針繡的回針寬約為3mm，帆針繡的回針寬約為4mm。
3. 如圖所示在外圍繡上玻璃珠鑲邊。
4. 在繡好的圖案外圍預留一圈白布，粗裁剪下。接著疊上不織布，將四周修剪整齊。
5. 沿外圍進行一圈毛邊繡。
6. 以瞬間膠黏上花邊帶。
7. 在背後縫上髮夾五金。

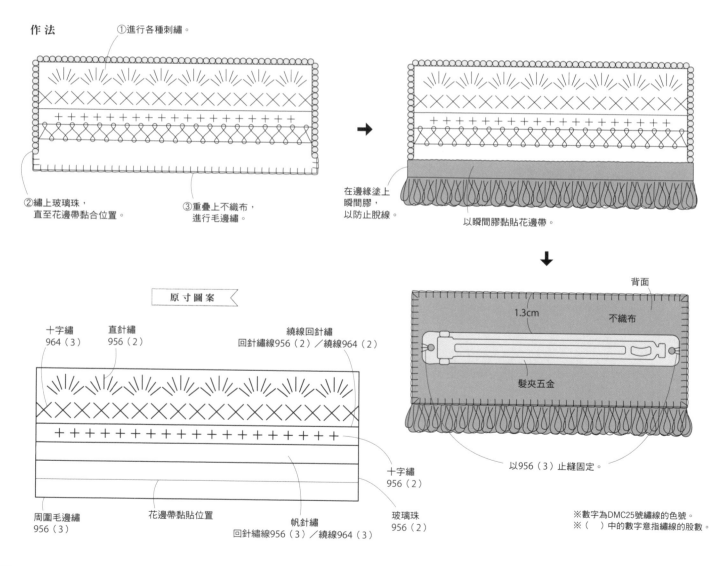

作法

①進行各種刺繡。

②繡上玻璃珠，
直至花邊帶黏合位置。

③重疊上不織布，
進行毛邊繡。

在邊緣塗上
瞬間膠，
以防止脫線。

以瞬間膠黏貼花邊帶。

背面

1.3cm　　　不織布

髮夾五金

以956（3）止縫固定。

原寸圖案

十字繡
964（3）

直針繡
956（2）

繞線回針繡
回針繡線956（2）／繞線964（2）

十字繡
956（2）

周圍毛邊繡
956（3）

花邊帶黏貼位置

帆針繡
回針繡線956（3）／繞線964（3）

玻璃珠
956（2）

※數字為DMC25號繡線的色號。
※（　）中的數字意指繡線的股數。

材 料

DMC25號繡線⋯415（淺灰色）・3705（草莓紅）
　　　　　　964（淺綠松色）
平織布（水藍色）⋯15cm×15cm
接著襯（不織布型・薄）⋯15cm×15cm
不織布（厚度1mm）⋯6cm×9cm
玻璃珠（白色）⋯約56個
　　　（淺綠色）⋯約38個
胸針五金（寬35mm）⋯1個
手藝用棉花⋯少許

作法（參見P.38）

1. 平織布燙貼接著襯，描上圖案。
2. 以直針繡繡出大格子，再在上方進行十字繡。
   接著以繞線回針繡（回針繡寬幅為3mm）圍邊進行刺繡，
   並於四個邊角進行輪輻繡的變化形。
3. 沿外圍繡一圈玻璃珠鑲邊。
4. 在繡好的圖案外圍預留一圈白布，粗裁剪下。接著疊上不織布，將四周修剪整齊。
5. 沿外圍進行一圈毛邊繡＆填入手藝用棉花。
6. 於背面縫上胸針五金。

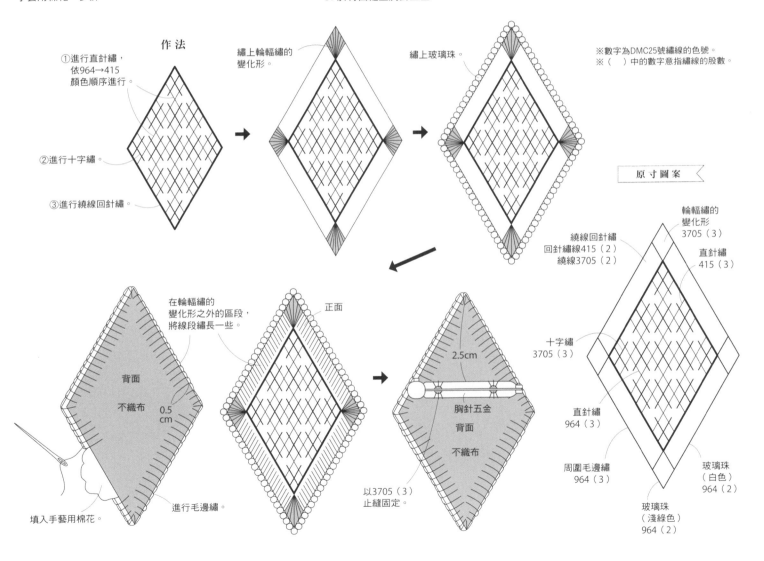

①進行直針繡，
　依964→415
　顏色順序進行。

②進行十字繡。

③進行繞線回針繡。

作法

繡上輪輻繡的變化形。

繡上玻璃珠。

※數字為DMC25號繡線的色號。
※（　）中的數字意指繡線的股數。

原寸圖案

輪輻繡的變化形
3705（3）

繞線回針繡
回針繡線415（2）
繞線3705（2）

直針繡
415（3）

十字繡
3705（3）

直針繡
964（3）

周圍毛邊繡
964（3）

玻璃珠（白色）
964（2）

玻璃珠（淺綠色）
964（2）

在輪輻繡的變化形之外的區段，將線段繡長一些。

背面
不織布
0.5cm

填入手藝用棉花。

進行毛邊繡。

正面

2.5cm
胸針五金
背面
不織布

以3705（3）止縫固定。

77

材料

A

DMC25號繡線…964（淺綠松色）·3853（柿子橘）
平織布…15cm×15cm
接著襯（不織布型·薄）…15cm×15cm
不織布（厚度1mm）…6cm×6cm
珍珠（直徑2mm·駝色）…約41個
古董珠（淺金色）…17個
胸針五金（寬35mm）…1個
手藝用棉花…少許

B

DMC25號繡線…157（水藍色）·3705（草莓紅）
平織布…15cm×15cm
接著襯（不織布型·薄）…15cm×15cm
不織布（厚度1mm）…6cm×6cm
珍珠（直徑2mm·淺灰色）…約41個
古董珠（銀色）…17個
胸針五金（寬35mm）…1個
手藝用棉花…少許

C

DMC25號繡線…3024（淺灰色）·3766（淺青綠）
平織布…15cm×15cm
接著襯（不織布型·薄）…15cm×15cm
不織布（厚度1mm）…6cm×6cm
珍珠（直徑2mm·白色）…約41個
古董珠（水藍色）…17個
胸針五金（寬35mm）…1個
手藝用棉花…少許

作法（參見P.38）

1. 平織布燙貼接著襯，描上圖案。
2. 進行刺繡＆繡上古董珠。
3. 沿外圍繡一圈珍珠鑲邊。
4. 在繡好的圖案外圍預留一圈白布，粗裁剪下。接著疊上不織布，將四周修剪整齊。
5. 沿外圍進行一圈毛邊繡＆填入手藝用棉花。
6. 於背面縫上胸針五金。

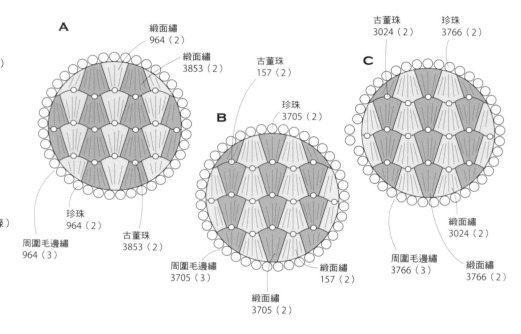

A

緞面繡
964（2）

緞面繡
3853（2）

古董珠
157（2）

珍珠
964（2）

古董珠
3853（2）

周圍毛邊繡
964（3）

B

珍珠
3705（2）

周圍毛邊繡
3705（3）

緞面繡
3705（2）

緞面繡
157（2）

古董珠
3024（2）

珍珠
3766（2）

C

緞面繡
3024（2）

周圍毛邊繡
3766（3）

緞面繡
3766（2）

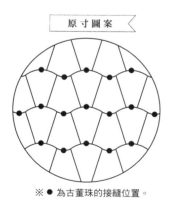

原寸圖案

※● 為古董珠的接縫位置。

古董珠的繡法

古董珠

布料

取2股繡線
一個一個地繡上。

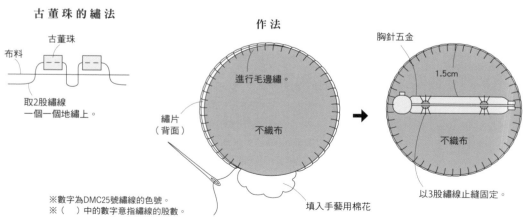

作法

進行毛邊繡。

繡片
（背面）

不織布

填入手藝用棉花

胸針五金

1.5cm

不織布

以3股繡線止縫固定。

※數字為DMC25號繡線的色號。
※（ ）中的數字意指繡線的股數。

刺繡針法

以下為本書作品使用的刺繡針法。
請熟練這些針法，享受自由創作的樂趣吧！

🌸 直針繡 Straight Stitch

🌸 十字繡 Cross Stitch

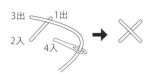

🌸 輪廓繡 Outline Stitch

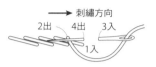

🌸 鎖鏈繡 Chain Stitch

🌸 緞面繡 Satin Stitch

🌸 法國結粒繡 French Knot Stitch

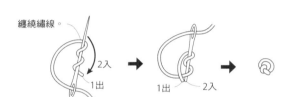

🌸 輪輻繡的變化形 Spoke Stitch Variation

🌸 毛邊繡 Blanket Stitch

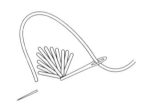

從相同針孔出針，
放射狀擴散地進行大面積刺繡。

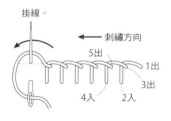

🌸 繞線回針繡 Whipped Back Stitch

🌸 帆針繡 Double Pekinese Stitch

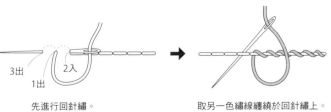
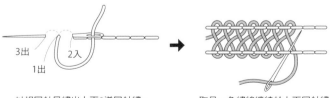

先進行回針繡。　　　　　　　取另一色繡線纏繞於回針繡上。　　以相同針目繡出上下2道回針繡。　　取另一色繡線纏繞於上下回針繡。

※保距針幅均等就能完成漂亮的成品。因此尚未熟練時，
　建議以尺規畫記刺繡間隔記號，可輔助順利進行唷！

※保距針幅均等就能完成漂亮的成品。因此尚未熟練時，
　建議以尺規畫記刺繡間隔記號，可輔助順利進行唷！

國家圖書館出版品預行編目資料

小小一個就很亮眼！迷人の珠繡飾品設計 / haitmonica著；周欣芃翻譯.
– 初版. – 新北市：雅書堂文化, 2019.10
　面；　公分. – (愛刺繡；21)
譯自：ハイトモニカの刺 アクセサリー
ISBN 978-986-302-513-9(平裝)

1.刺繡 2.手工藝

426.2　　　　　　　　　　　　　　　　108016004

❤ 愛│刺│繡│ 21

小小一個就很亮眼！

迷人の珠繡飾品設計

作　　　　者／haitmonica
譯　　　　者／周欣芃
發　行　　人／詹慶和
總　編　　輯／蔡麗玲
執　行　編　輯／陳姿伶
編　　　　輯／蔡毓玲・劉蕙寧・黃璟安・陳昕儀
執　行　美　編／韓欣恬
美　術　編　輯／陳麗娜・周盈汝
出　版　　者／雅書堂文化事業有限公司
發　行　　者／雅書堂文化事業有限公司
郵政劃撥帳號／18225950
戶　　　　名／雅書堂文化事業有限公司
地　　　　址／220新北市板橋區板新路206號3樓
網　　　　址／www.elegantbooks.com.tw
電　子　信　箱／elegant.books@msa.hinet.net
電　　　　話／(02)8952-4078
傳　　　　真／(02)8952-4084

2019年10月初版一刷　定價380元

Lady Boutique Series No.4514
HAITMONICA NO SHISHU ACCESSORY
© 2017 Boutique-sha, Inc.
All rights reserved.
Original Japanese edition published in Japan by BOUTIQUE-
SHA.
Chinese (in complex character) translation rights arranged
with BOUTIQUE-SHA.
through Keio Cultural Enterprise Co., Ltd., New Taipei City,
Taiwan.

haitmonica（松本理沙）

刺繡飾品作家。定居東京。就讀外國語文大學時，學習英美語和文化
人類學，於留學地點接觸異國文化。大學畢業後從事廣告相關工作的
同時，以自學的方式開始製作刺繡飾品，並在相關活動展出，以散發
著異國情調的飾品獲得廣泛支持。

http://haitmonica.com　　https://minne.com/@haitmonica

材料協力
http://www.dmc.com（全球官網）

攝影協力
AWABEES
UTUWA

衣裝協力
古著屋JAM　https://jamtrading.jp/
桃谷屋／大阪市天王寺區鳥之辻1丁目3-19
堀江店／大阪市西區南堀江2丁目4-6
京都店／京都市中京區三条通御幸町西入弁慶石町51 Tully's Coffee 2樓
京都Ladies店／京都市中京區海老屋町317
Elulu by JAM 梅田店／大阪市北區中崎西2-4-31
JAM SWAG STORE 梅田店／大阪市北區鶴野町2-5Grand梅田大樓

STAFF
編輯：井上真実・小池洋子
攝影：奧川純一・居木陽子
書籍設計：中山夕子（sugar mountain）
　　　　　片岡寿理（Flippers）
繪圖：たけうちみわ（trifle-biz）
妝髮：三輪昌子
模特兒：イシター
作法校對：三城洋子

經銷／易可數位行銷股份有限公司
地址／新北市新店區寶橋路235巷6弄3號5樓
電話／(02)8911-0825　傳真／(02)8911-0801

版權所有・翻印必究
※本書作品禁止任何商業營利用途（店售・網路販賣等）
　＆刊載，請單純享受個人的手作樂趣。
※本書如有缺頁，請寄回本公司更換。

> EMBROIDERY ACCESSORIES <

→ EMBROIDERY ACCESSORIES ←